Yvonne und Werner Lantermann

Kröten, Echsen, Salamander

Amphibien und Reptilien beobachten und schützen

KOSMOS

5 Amphibien und Reptilien beobachten und kennenlernen

35 Mit Kescher und Gummistiefeln: Schutz vor der eigenen Haustür

Amphibien und Reptilien beobachten und kennenlernen

Evolution

Eigentlich könnte man es als eine Klimakatastrophe bezeichnen, was zur Entstehung von Amphibien und Reptilien führte: 360 Millionen Jahre vor unserer Zeit, im Erdzeitalter des späten Devon, traten mehrere große Trockenperioden auf. Große Süßwasserseen gingen zurück oder trockneten komplett aus. Viele Fischarten konnten mit den schnellen Veränderungen nicht Schritthalten. Sie waren plötzlich vom Aussterben bedroht.

Einige wenige Fischarten konnten rechtzeitig in Sumpfgebiete abwandern und dort überleben. Wahrscheinlich waren es Vorfahren der Quastenflosser und der Lungenfische. Zwei wichtige Eigenschaften gewährleisteten ihnen das Überleben im Sumpf: ihre Fähigkeit, Luftsauerstoff zu atmen und an Land kurze Strecken zurückzulegen. Gut durchblutete Schwimmblasen ermöglichten ihnen das Atmen an Land. Damit konnten sie auch außerhalb des Wassers kurze Zeit überleben. Außerdem besaßen sie starke knochengestützte Bauch- und Brustflossen. Mit diesen Flossen konnten sie sich an Land bewegen.

Amphibien: Doppelleben an Land und zu Wasser

Immer wieder kam es zu klimatischen Veränderungen und immer wieder mussten sich die Fischarten diesen anpassen. Neue Anpassungen an den Lebensraum Land waren notwendig: So bildete sich im Laufe der Entwicklungsgeschichte der Schwanz zurück, der Körper flachte sich ab und aus Brust- und Bauchflossen entwickelten sich die Extremitäten. Die ersten Amphibien oder Lurche (vermutlich Arten der Gattungen *Acanthostega* und/oder *Ichthyo-*

Lungenfische, wie dieser südamerikanische Lungenfisch *Lepidosiren paradoxa*, sind Vorfahren unserer heutigen Amphibien.

Der Alpensalamander ist die einzige Amphibienart Europas, die zur Fortpflanzung nicht auf ein Gewässer angewiesen ist, sondern an Land lebende Junge zur Welt bringt.

stega) waren entstanden. Sie blieben rund 60 Millionen Jahre lang die beherrschende Wirbeltiergruppe auf der Erde. Ihr „Doppelleben" – also das Angewiesensein auf Wasser- und auf Landlebensräume – blieb bis heute erhalten. Dabei sind beinahe alle Ausprägungen möglich: Es gibt Arten, die nur zur Fortpflanzung ins Wasser gehen und andere, die ihr ganzes Leben im Wasser verbringen oder ihr ganzes Leben an Land verbringen. Interessant ist, dass die große „Entwicklungsgeschichte" (Phylogenese) der Amphibien sich im Kleinen bei jeder individuellen Entwicklung (Ontogenese) eines Frosches nachvollziehen lässt. Denn den Übergang vom Wasserleben zum Landleben kann man wie im Zeitraffer bei der Entwicklung von der „fischähnlichen" Kaulquappe bis hin zum fertigen Frosch beobachten. Die geschlüpften Jungtiere ähneln zunächst mehr Fischen als ihren Eltern. Bei der Umwandlung, der sogenannten Metamorphose, treten dann nach einer gewissen Zeit die Beine hervor, der Schwanz wird abgeworfen, und es findet schließlich der Übergang vom Kiemen- zum Lungenatmen statt.

Reptilien: Der Sprung an Land

Aus den Amphibien entwickelten sich schließlich die Reptilien. Sie entstanden im Erdzeitalter Karbon vor etwa 340 Millionen Jahren. Zwei Entwicklungsschritte grenzen sie deutlich von den Amphibien ab: ihre wasserunabhängige Fortpflanzung und die Verhornung ihrer Haut.

Die Fortpflanzung verläuft bei den Reptilien zunächst über eine innere Befruchtung. Das heißt, die Verschmelzung von weiblichen und männlichen Geschlechtszellen erfolgt im Körper des Weibchens. Beim Laich der Amphibien, der im Gewässer abgelegt wird, erfolgt sie im Gegensatz dazu als äußere Befruchtung außerhalb des Körpers. Nach der inneren Befruchtung entwickeln sich die Embryonen aus einem sogenannten Amnioten-Ei in einer mit Fruchtwasser gefüllten Amnionhöhle. Dadurch kann die Fortpflanzung unabhängig vom Wasser geschehen. Einige Reptilien legen die Eier ab und es schlüpfen anschließend die Jungen daraus (Oviparie). Bei anderen Reptilien werden die Eier im Leib des Muttertieres ausgebrütet. Die Jungen schlüpfen entweder direkt beim Ablegen der Eier oder kurz danach oder noch im Körper der Mutter. Diese Fortpflanzungsform bezeichnet man als Ovoviviparie (vivi=lebend).

Ebenso notwendig wie diese besondere Fortpflanzung war die Verhornung der Haut als Anpassung an ein Leben an Land. Sie dient als mechanischer Schutz und vermindert die Verdunstung von Körperflüssigkeit. Mit diesen beiden Evolutionsschritten entwickelten sich die Reptilien fortan zu einer der erfolgreichsten Wirbeltiergruppen.

Als früheste Reptilien gelten heute Arten, die in der fossilen Ordnung der *Cotylosauria* zusammengefasst werden. Aus diesen primitiven Vorfahren entstand im Erdmittelalter eine Vielzahl von Reptilienformen – unter ihnen die gigantischen Dinosaurier sowie die Fisch- und Flugsaurier, die dann vor etwa 70 Millionen Jahren allesamt aus letztlich ungeklärten Ursachen an der Wende zur Erdneuzeit (Känozoikum) ausstarben. Es überlebten jedoch zahlreiche kleine und unscheinbare Formen, die als Vorfahren unserer heutigen Reptilien gelten. Im weiteren Verlauf der Entwicklungsgeschichte entstanden aus reptilienartigen Vorfahren schließlich auch die Vögel und Säugetiere.

Der bekannteste unter den ausgestorbenen Sauriern ist *Tyrannosaurus rex* – hier als Nachbildung in der Dinoversum-Ausstellung des Kölner Zoos.

Biologie

Das Leben der Amphibien und Reptilien spielt sich in zwei Welten ab. Fast alle Amphibien leben zu bestimmten Zeiten im Wasser, die andere Zeit verbringen sie an Land. Beide Artengruppen sind nur im Sommerhalbjahr aktiv, während sie im Winterhalbjahr von der Bildfläche verschwunden sind und etwa in Erdhöhlen oder auf dem Grund von Gewässern überwintern.

Kleine Amphibienkunde

Die im vorigen Kapitel beschriebenen Ur-Amphibien haben noch viele verschlungene Entwicklungspfade durchlaufen, bis aus ihnen unsere heute lebenden Amphibien wurden. Man unterteilt sie nun in drei Gruppen: Froschlurche, Schwanzlurche und Blindwühlen.

Die weltweit größte Gruppe mit ungefähr 5600 Arten (88 Prozent aller bekannten Amphibien) ist die Gruppe der **Froschlurche** (Anura). Sie umfasst neben den Fröschen auch die Kröten und Unken. Die Vertreter dieser Gruppe sind beinahe weltweit, außer in der Antarktis, verbreitet: von den tropischen Regenwäldern im Süden bis hin zu den gemäßigten und borealen Zonen der Nordhalbkugel unserer Erde.

Frösche haben in der Regel eine weiche, feuchte Haut. Sie sind üblicherweise stark an das Wasser gebunden und selten weit entfernt von einem See, Teich oder Tümpel anzutreffen. Ausnahmen bestätigen die Regel, wie zum Beispiel einige Arten der Pfeilgiftfrösche, auch Farbfrösche oder Dendrobatiden genannt. Während die Mehrzahl der Arten zwar am Boden lebt und nur gewässernahe Lebensräume besiedelt, haben sich andere ganz an ein Leben in den Bäumen angepasst und setzen ihre Larven in den wassergefüllten Trichtern von Ananasgewächsen (Bromelien) und anderen Trichtergewächsen ab.

Kröten dagegen sind eher an ein Leben auf dem Land angepasst. Ihre Haut ist trockener als die anderer Amphibien. Sie hat Warzen, die Hautgifte absondern. Die meisten Arten sind recht plump ge-

In der Gruppe der Froschlurche haben sich im Laufe der Entwicklungsgeschichte auch die farbenprächtigen „Pfeilgiftfrösche" herausgebildet.

Kröten – hier eine Erdkröte – sind durch eine trockene, warzige Haut gekennzeichnet und meist dämmerungs- oder nachtaktiv.

Die Gruppe der Unken ist in Europa durch Rotbauch- und Gelbbauchunke (Foto) vertreten, die am leichtesten an der Unterseite unterscheidbar sind.

Feuersalamander werden zur Amphibien-Gruppe der Schwanzlurche gerechnet. Vorsicht, sie weisen ein giftiges Hautsekret auf.

baute Tiere. Mit ihren recht kurzen Hinterbeinen bewegen sie sich im Gegensatz zu den eigentlichen Fröschen nicht hüpfend, sondern eher schreitend oder kriechend fort. Sie sind dämmerungs- bis nachtaktiv. Die in Europa größte und häufigste Kröte ist die Erdkröte (Bild S. 9). Andere, für den Laien weniger bekannte Arten sind die Kreuzkröte und die Wechselkröte. Kröten sind dafür bekannt, dass sie zum Laichen stets ihr Heimatgewässer aufsuchen und dafür auch lange und gefahrvolle Wanderungen auf sich nehmen.

Unken sind in Mitteleuropa mit zwei Arten vertreten: Rotbauch- und Gelbbauchunke. Sie sind unter anderem gekennzeichnet durch ihre auffallend bunten Warnfarben auf der Unterseite, die mögliche Fressfeinde vermutlich auf ihre Hautgifte aufmerksam machen (Bild S. 17).

Die zweitgrößte Gruppe der Amphibien mit weltweit etwa 570 Arten (9 Prozent) bilden die **Schwanzlurche** (Urodela) mit den Molchen und Salamandern. Erwachsene Schwanzlurche atmen hauptsächlich durch die Lunge, sie nehmen aber auch zusätzlich durch ihre Haut Sauerstoff auf. Sie können nur in feuchter Umgebung existieren – andernfalls trocknet ihre Haut aus und die Sauerstoffaufnahme funktioniert nicht mehr. Schwanzlurche sind zur Fortpflanzungszeit auf ein Laichgewässer angewiesen. Sie leben im Sommer und Winter in der Regel jedoch an Land. Eine Ausnahme bildet der Alpensalamander. Er benötigt für die Fortpflanzung kein Gewässer, denn im Gegensatz zu den meisten anderen Amphibienarten bringt er nach einer Entwicklungszeit von zwei bis vier Jahren in der Regel zwei voll entwickelte, lungenatmende Jungtiere von etwa 4 Zentimeter Größe zur Welt.

Die dritte Gruppe der Amphibien sind die in den tropischen und subtropischen Regionen vorkommenden **Blindwühlen** (Gymnophiona) oder Schleichenlurche mit etwa 175 Arten (3 Prozent). Sie besitzen keine Gliedmaßen, auch der Schwanz ist stark reduziert. Ihren Namen haben die Tiere von den oft zurückgebildeten Augen, die vermutlich nur einfache Hell-Dunkel-Kontraste wahrnehmen können.

Alle drei Amphibiengruppen umfassen somit weltweit rund 6.300 Arten. 80 davon kommen in Europa vor: 35 Schwanzlurche und etwa 45 Froschlurche. In Deutschland leben sogar nur sieben Schwanzlurcharten und 14 Froschlurche (0,33 Prozent aller weltweit bekannten Lurche). In der Schweiz sind es ebenfalls sieben Schwanzlurche und 14 Froschlurche, in Österreich fünf Schwanzlurche und 11 Froschlurche.

Amphibien im Überblick

Etwa 6.300 der rund 58.000 Wirbeltierarten der Erde sind Amphibien. Sie haben sich in ihren diversen Familien, Arten und Unterarten über einen Zeitraum von rund 360 Millionen Jahren zu dem heutigen Formenreichtum entwickelt. Nun drohen sie innerhalb von zwei Menschengenerationen am Beginn des 21. Jahrhunderts in großer Zahl auszusterben. Ob die Menschheit mit vereinten Kräften noch gegensteuern kann, ist ungewiss.

Leben im Jahreslauf

Wanderungen zu den Laichgewässern

Wenn der Winter zu Ende geht, verlassen die Amphibien ihre Winterquartiere und folgen einem angeborenen Wandertrieb. Sie suchen dabei in zum Teil spektakulären Wanderungen ihre angestammten Laichgewässer auf, um sich zu vermehren. Der Weg, den sie dabei auf sich nehmen, ist unterschiedlich lang. Manche Arten überwintern in der Nähe ihrer Laichgewässer, andere unternehmen größere und manchmal gefahrvolle Wanderungen. Gelbbauchunken und Moorfrösche beispielsweise können direkt oder in der unmittelbaren Umgebung ihrer Laichgewässer überwintern, ähnlich ist es bei Alpen-Kammmolchen und Feuersalamandern. Erdkröten, die bekanntesten Wanderer

Oben: Manche Amphibienarten wie diese Erdkröte benötigen zur Fortpflanzung Tümpel, Teiche und andere Gewässer.

Unten: Schnell trockenfallende wassergefüllte Wagenspuren reichen bestimmten Arten wie den Kreuzkröten völlig aus, um sich fortzupflanzen.

zwischen Sommerlebensraum, Laichgewässer und Winterquartier, legen dagegen im Durchschnitt 500 bis 1.500 Meter zurück, und für Laubfrösche mit durchschnittlichen Wanderstrecken von etwa 1.000 Meter sind sogar schon maximale Wanderungen von etwas mehr als zwölf Kilometer Länge nachgewiesen worden. Neben den Wanderungen vom Winterquartier zum Laichgewässer gibt es aber auch andere Wanderrichtungen. Dies sind meist Wanderungen zwischen Laichgewässern und Sommerlebensraum oder zwischen Laichgewässer und Winterquartier. Manche Arten wie der Feuersalamander unternehmen aber auch Streifzüge durch ihren Sommerlebensraum oder wechseln wie der Teichmolch zwischen verschiedenen Gewässern.

Werben und Laichen

Erst einmal beim Laichgewässer angekommen, beginnt die Werbe- und Paarungszeit. Aktive Tiere sind oftmals bereits im zeitigen Frühjahr ab einer Außentemperatur von etwa 5 °C zu beobachten. Aber auch akustisch machen sich die Amphibien deutlich bemerkbar. Am auffälligsten sind die Paarungsrufe der Grünfrösche, Laubfrösche und Kreuzkröten. Weil sie über weite Strecken auch nachts zu hören sind, werden sie in Wohngebieten nicht von allen Anwohnern geschätzt. Weniger auffällig sind die Rufe der Knoblauchkröte und des Springfrosches.

Paarung und Laichabgabe verlaufen bei den Tieren verschieden. Frösche und Kröten paaren sich, indem das Männchen das Weibchen umklammert. Dieser Zustand der Umklammerung wird Amplexus genannt. Das Weibchen gibt dabei seine Eier (Laich) ab und das Männchen seine Spermien. Die Befruchtung verläuft also äußerlich. Bei der Geburtshelferkröte tragen die Männchen die befruchteten Laichschnüre 15 bis 45 Tage mit sich herum. Erst, wenn die Eier ausgereift sind, sucht das Männchen ein Gewässer auf, wo die 12 bis 20 Millimeter langen und relativ weit entwickelten Larven kurze Zeit nach dem Wasserkontakt schlüpfen.

Etwas später im Jahr wandern die Molcharten in ihre Laichgewässer ein und zeigen ihre Balzri-

tuale, die sie durch eine intensive Körperfärbung und durch das Aufstellen des Rückenkammes unterstreichen. Sie sind besonders nachts mit Hilfe einer starken Taschenlampe im Wasser zu beobachten, können aber auch oftmals tagsüber in klaren Teichen und Tümpeln beim Luftholen an der Wasseroberfläche beobachtet werden.

Im März und April – je nach Witterung – haben die meisten Frösche, Kröten, Unken und Molche ihre Laichballen, Laichschnüre, Laichklümpchen oder einzelnen Eier abgesetzt. Frösche legen ihren Laich in Form von Ballen ab, einige Krötenarten setzen meterlange Laichschnüre, Unken kleine Laichballen auf dem Gewässergrund ab und Molche heften ihre Eier einzeln an Wasserpflanzen. Aus diesen Eiern schlüpfen bei den Molchen Larven, die äußerlich ein verkleinertes Abbild ihrer Eltern sind, aber bis zur Umwandlung noch durch Kiemenbüschel atmen.

Frösche, Unken und Kröten durchlaufen nach dem Schlupf der Eier zunächst das Kaulquappenstadium. Bei den Kaulquappen entwickeln sich erst die Hinterbeine und dann die Vorderbeine, während sich der Schwanz zurückbildet. Mit der Umwandlung der Kiemen in Lungen ist dann die Metamorphose abgeschlossen und die Jungtiere gehen an Land. Die Entwicklung der Eier zur Larve beziehungsweise zur Kaulquappe und schließlich zum umgewandelten Frosch, zur Kröte oder zum jungen Molch nimmt unterschiedlich viel Zeit in Anspruch und wird unter anderem von der Außentemperatur mitbestimmt. Der Feuersalamander ist zur Paarungszeit nicht auf ein Gewässer angewiesen, er setzt aber seine Larven in langsam fließende Bäche ab. Völlig unabhängig von einem Gewässer ist der Alpensalamander, er bringt voll entwickelte Jungtiere zur Welt.

Links: Der Teichfrosch wirbt mit seinen Rufen um ein Weibchen. Die beiden charakteristischen Schallblasen dienen dabei als Resonanzkörper.

Mitte: Froschlaich an einem kleinen Naturteich

Rechts: Nach einigen Tagen oder Wochen schlüpfen aus dem Laich die Kaulquappen. Wenig später entwickeln sich die Hinterbeine und kurz darauf beginnt der Landgang.

Landlebensräume und Winterquartiere

Nach der Fortpflanzungsphase suchen sich die jungen und ausgewachsenen Amphibien in der Regel ihre Sommerlebensräume an Land, die sich manchmal in unmittelbarer Gewässernähe befinden. Einige Arten unternehmen aber auch hier wieder größere Ortswechsel, andere bleiben in der Nähe ihrer Laich- oder Geburtsgewässer und suchen dort nach Nahrung. Die Abwanderung der Jungtiere mancher Frosch- und Krötenarten ist spektakulär. Zu Hunderten und sogar zu Tausenden verlassen die Tiere dann beinahe gleichzeitig ihr Laichgewässer und wandern in die nähere Ufervegetation, wo es dann vor Jungfröschen und Jungkröten nur so wimmelt („Froschregen").

Teich- und Bergmolche suchen sich häufig gewässernahe Stein- und Totholzhaufen, wo sie ihren Wärmehaushalt dann zwischen sonnigen, feuchten und kühlen Plätzen regulieren. Dort kann man sie oftmals bis zur Winterphase regelmäßig antreffen. Vor der Winterruhe legen die Amphibien im Hinblick auf die lange Winterzeit, in der sie meist keine Nahrung zu sich nehmen, durch reichliche Nahrungszufuhr auch ihre Reserven an.

Im Herbst, wenn die Nachttemperaturen unter 5 °C fallen, beginnen die Amphibien mit ihren teils längeren Wanderungen in die Winterquartiere. Sie suchen dazu frostfreie Plätze, zum Beispiel Laubhaufen, Steinhaufen, Felsspalten oder die Erdbauten von Kleinsäugern wie Wühlmäusen auf. Auch in Kellerräumen, Schuppen und Gewächshäusern findet man manchmal überwinternde Lurche. Sollte man durch Zufall auf einen treffen, darf man ihn auf keinen Fall ins Freie setzen, da er sonst erfriert. Die Grünfrösche hingegen überwintern oftmals am Gewässergrund. Die Knoblauchkröte gräbt sich – je nach Außentemperatur – immer tiefer in die Erde ein. Feuersalamander suchen Höhlen auf, um dort zu überwintern – oftmals in größerer Zahl an einem Ort. Hin und wieder überwintern Larven und Kaulquappen auch im Laichgewässer und wandeln sich erst im darauf folgenden Frühjahr um. Je nach Außentemperatur dauert die Winterruhe der Amphibien von Oktober/November bis Februar/März. Sie werden wieder aktiv, wenn der Boden frostfrei ist.

Ein spektakulärer Vorgang ist der so genannte Froschregen. Die Zeit, wenn alle umgewandelten Fröschchen beinahe gleichzeitig das Wasser verlassen.

Vor Beginn des Winters suchen Feuersalamander oft in größeren Gruppen ihre Winterquartiere unter Baumstümpfen oder in bestehenden Erdhöhlen auf.

Einige Besonderheiten von Amphibien

Die Erdkröte: Spektakulärer Wanderer zwischen den Welten

Die Erdkröte ist die häufigste und größte heimische Krötenart. Sie ist flächendeckend in Deutschland, Österreich und der Schweiz verbreitet und besiedelt sowohl natürliche als auch durch den Menschen veränderte Lebensräume. Trotz ihrer dämmerungs- und nachtaktiven Lebensweise und ihres unscheinbaren Äußeren ist sie vielen Menschen bekannt, und zwar hauptsächlich durch ihre auffälligen Wanderungen vom Winterlebensraum zum Laichgewässer und zurück. Krötenzäune im Frühjahr zeugen dann von den Aktivitäten der Kröten und der Naturschützer. Letztere wollen verhindern, dass die Tiere bei den Wanderungen zu ihren angestammten Laichgewässern überfahren werden. Das gelingt mancherorts durch die aufgebauten Krötenzäune sehr gut, anderenorts werden die Tiere zu Hunderten und Tausenden auf stark befahrenen Straßen totgefahren.

Die Erdkröte ist vor allem wegen ihrer spektakulären Laichwanderungen bekannt.

Städte und Gemeinden unterstützen den Krötenschutz zur Laichzeit oftmals durch Hinweisschilder und Verkehrsregelungen.

Wie sich die wandernden Tiere orientieren, ist noch nicht geklärt. Man geht aber davon aus, dass sie dazu verschiedene Sinne nutzen. Die verbreitetste Theorie besagt, dass sich die Tiere grob am Erdmagnetfeld orientieren und die Orientierung in der Nähe des Laichgewässers dann über den Geruchssinn verläuft. Gelegentlich wird auch eine Theorie der „Ortsprägung" diskutiert, wonach sich die erstmals wandernden Jungtiere eine Art Landkarte mit bestimmten Geländemerkmalen einprägen, die sie später an den Ort ihrer Geburt zurückführt.

Der Alpensalamander: Fortpflanzung auf dem Trockenen

Eine bemerkenswerte Ausnahme unter den mitteleuropäischen Amphibien ist der Alpensalamander, der in den höheren Lagen der Alpen, meist oberhalb von 600 Metern vorkommt. Sein Paarungsverhalten gleicht zunächst dem des Feuersalamanders. Das paarungswillige Männchen nimmt eine Art Spähstellung ein. Es richtet den Vorderkörper auf und sucht die Umgebung so nach einem Artgenossen ab. Wenn es einen Artgenossen entdeckt hat, verfolgt es diesen ausdauernd. Über seinen Geruchssinn stellt der Feuersalamander Art und Geschlecht des Verfolgten fest.

Hat das Männchen so ein Weibchen gefunden, beginnt es damit, unter das Weibchen zu kriechen, bis sich sein Kopf unter dem des Weibchens befindet. Nun versucht es, seine Vorderbeine fest um die des Weibchens zu schlingen. Mit seiner Schwanzwurzel beginnt das Männchen, die Kloake des Weibchens zu stimulieren. Beide Tiere beginnen dann mit schlängelnden Schwanzbewegungen. Nun setzt das Männchen seinen Samenträger ab: eine gallertartige Masse mit oben aufsitzendem Samenpaket. Es klappt dann seinen hinteren Körperteil zur Seite, sodass die weibliche Kloake nun recht genau über dem Samenpaket liegt. Dann senkt das Weibchen seinen Hinterleib und nimmt die Samenmassen in die Kloake auf. Die Spermien arbeiten sich nun aufwärts in die beiden Eileiter, es kommt zur Befruchtung und zur Entwicklung der Larven, die mehrere Monate in Anspruch nimmt.

In der Regel setzen Feuersalamander ihre 25 bis 35 Millimeter großen Larven erst im darauffolgenden Frühjahr in kleinen, klaren Waldbächen ab. Sie haben durchschnittlich etwa 20 bis 30 Nachkommen, deren Metamorphose und anschließender Landgang sich je nach Wassertemperatur nach etwa zwei bis vier Monaten vollzieht.

Der Alpensalamander entlässt seine Larven hingegen nicht zur weiteren Entwicklung in ein Gewässer. Er bringt stattdessen nach einer Entwicklungsdauer von zwei bis vier Jahren meist zwei vollständig entwickelte Jungtiere von etwa 40 bis 50 Millimetern Länge zur Welt, die über Lungen atmen. Die Jungen durchlaufen zwar ebenfalls ein Larvenstadium, dieses findet jedoch im Körper des Muttertieres statt. Dabei ernähren sie sich zunächst vom Dotter des eigenen Eies und vom Dotter unbefruchteter Eizellen. Danach produziert das Weibchen für die Ernährung der Jungen am vorderen Ende der Eileiter ein spezielles Zellmaterial.

Der Alpensalamander bringt nach einer Entwicklungszeit von bis zu vier Jahren vollständig entwickelte Jungtiere zur Welt.

Rot- und Gelbbauchunke: „Giftige" Schwestern

Die Rotbauch- und die Gelbbauchunke sind die beiden einzigen heimischen Unkenarten. Sie unterscheiden sich, wie die Namen schon sagen, hauptsächlich in der Färbung ihrer Unterseiten: Die Unterseite der Rotbauchunke ist überwiegend dunkel und weist kleine weiße Pünktchen und orange Flecken auf. Die Unterseite der Gelbbauchunke ist überwiegend gelb mit schwarzen Flecken.

Bemerkenswert an diesen beiden Arten ist ihr Feindabwehrverhalten. Unken produzieren ein Hautsekret, dessen giftige Bestandteile auch die menschliche Schleimhaut reizen. Die medizinische Wirkung des Hautsekrets ist noch recht unbekannt. Fühlt sich eine Unke bedroht, nimmt sie meist die sogenannte Kahnstellung ein. Dabei biegt sie ihren Rücken durch, winkelt die Vorderbeine hinter ihrem Kopf an und dreht die Hinterbeine seitlich weg. Durch diese Stellung werden dem möglichen Feind die gelben oder orangefarbenen Bauch- und Fußunterseiten entgegengestreckt. Hierdurch werden Fressfeinde offenbar vor dem Hautgift gewarnt und nehmen ausgewachsene Tiere nur selten als Beute. Jungunken sind im Gegensatz dazu mit weniger Hautsekret ausgestattet und auch weniger intensiv gefärbt. Sie werden wesentlich häufiger Opfer von Beutegreifern.

Unten: Von oben betrachtet sind die beiden europäischen Unken sehr ähnlich. Charakteristisch bei beiden Arten ist die herzförmige Pupille.

Rechts oben: Bauchansicht der Gelbbauchunke

Rechts unten: Bauchansicht der Rotbauchunke. Sie ist mittlerweile sehr bedroht.

Kleine Reptilienkunde

Die Reptilien sind mit rund 8.250 Arten nach den Fischen mit circa 30.300 Arten und den Vögeln mit etwa 9.700 Arten die drittgrößte Wirbeltiergruppe der Welt. Die Säugetiere umfassen im Vergleich dazu 5.500 Arten. Bei den Reptilien werden vier Hauptgruppen unterschieden: Schuppenkriechtiere, Schildkröten, Krokodile und Brückenechsen.

95 Prozent aller heute lebenden Reptilienarten gehören zu den **Schuppenkriechtieren** (Squamata). Damit sind sie die größte und artenreichste Gruppe der Reptilien. In ihr vereinen sich, soweit man momentan weiß, etwa 4.750 Echsenarten, 3.000 Schlangenarten und 160 Arten Doppelschleichen.

Die nächstkleinere systematische Gruppe bilden die **Schildkröten** (Testudinata) mit 313 Arten (4 Prozent), gefolgt von den **Krokodilen** (Crocodylia) mit 23 Arten (0,3 Prozent) und den **Brückenechsen** oder Schnabelköpfen (Rhynchocephalia) mit zwei Arten.

Reptilien sind wechselwarme Tiere. Das heißt, ihre Körpertemperatur passt sich der Umgebungstemperatur an. Deshalb kommen Reptilien nicht in kalten polaren Regionen vor. Ansonsten sind sie weltweit verbreitet. Die größte Artenkonzentration findet man jedoch in den tropischen und subtropischen Gebieten der Erde. Entsprechend artenarm ist die Reptilienfauna in den gemäßigten Zonen, also auch in Europa. Hier werden gegenwärtig nur etwa 105 Arten beschrieben. Davon kommen in Deutschland 14 Arten vor (eine Schildkröte, sieben Echsen- und sechs Schlangenarten). Dies sind nur 0,16 Prozent aller weltweit bekannten Arten. In Österreich sind es ebenfalls 14 Arten (eine Schildkröte, sechs Echsen-, sieben Schlangenarten) und in der Schweiz 15 Arten (eine Schildkröte, sechs Echsen- und acht Schlangenarten).

Rechts: Die größte Vielfalt unter den Echsen findet man in den tropischen Regenwaldgebieten, wie etwa auf Madagaskar, wo dieser Taggecko beheimatet ist.

Die Verhornung der Haut dient den Reptilien als mechanischer Schutz und vermindert die Verdunstung von Körperflüssigkeit.

Unten: Die Aspisviper ist eine wärmeliebende Schlangenart, die in Süddeutschland ihre nördliche Verbreitungsgrenze erreicht.

Reptilien im Überblick

Rund 8.250 der über 58.000 Wirbeltierarten der Erde sind Reptilien. Nur 105 davon kommen in Europa vor. Damit wird deutlich, dass die gemäßigten Zonen nicht die typischen Verbreitungsgebiete der Reptilien darstellen. Sie sind die charakteristischen Tiere der Tropen und Subtropen, wo die größte Artenvielfalt zu finden ist. Besonders in den lange Jahre wenig beforschten Gebieten, wie Vietnam, werden alljährlich noch neue Arten entdeckt.

Leben im Jahreslauf

Winter ohne Regungen

Das Reptilienjahr verläuft anders als das Jahr der Amphibien. Als wechselwarme Tiere verbringen Reptilien einen Teil des Jahres in einer Art Winterstarre (Kältestarre), ehe sie die ersten Sonnenstrahlen nutzen, um an die Erdoberfläche zu kommen. Normal beginnt das Reptilienjahr bei uns gegen Mitte bis Ende März. Doch der Klimawandel sorgt zeitweise auch schon früher für wärmere oder sogar frühlingshafte Temperaturen, die die Tiere dann an die Oberfläche locken. So können zum Beispiel Mauereidechsen an geeigneten und geschützten Standorten unter Umständen schon Ende Januar beobachtet werden. Die meisten Tiere sind jedoch erst im März, spätestens im April aktiv, wobei – je nach Art – Unterschiede zwischen den Geschlechtern oder je nach Alter bestehen können. Von gut

An gut geschützten Stellen tauchen Mauereidechsen unter Umständen schon Ende Januar wieder aus der Winterruhe auf.

Zauneidechsen erscheinen nach der Winterruhe in der Regel nicht vor Ende März/Anfang April.

untersuchten Arten wie der Zauneidechse weiß man, dass im Jahresverlauf Ende März/Anfang April zunächst die Jungtiere des Vorjahres erscheinen, dann die männlichen Tiere und erst einige Tage später die Weibchen.

Frühlingserwachen

Unmittelbar nach Verlassen des Winterquartiers beginnt – wiederum in Abhängigkeit von der Außentemperatur – die Fortpflanzungsphase. Vor der Paarung tragen die Männchen mancher Arten heftige, ritualisierte Kämpfe, andere auch regelrechte Beißkämpfe aus. Kreuzottern sind für ihre so genannten Kommentkämpfe bekannt, bei denen sich die Männchen umschlingen und versuchen, den Gegner wegzudrücken. Ihre Giftzähne benutzen sie dabei nicht.

Bei den Eidechsen verfolgt das Männchen das Weibchen, umklammert es, beißt sich in seiner Flanke fest und vollzieht dann die Begattung, die oftmals recht brutal wirkt. Bei manchen Schlangen geht der Paarung ein ritualisiertes Vorspiel voraus, bei dem sich die Tiere züngelnd umwinden. Bei den Schuppenkriechtieren besitzen die Männchen einen Hemipenis als Begattungsorgan. Dieser befindet sich paarig seitlich neben der Kloake und kann ausgestülpt werden. Bei der Begattung führt das Männchen den Hemipenis in die Kloake des Weibchens ein, sodass eine innere Befruchtung möglich wird. Bei den Sumpfschildkröten findet die Begattung in der Regel im Wasser statt. Erst zur Eiablage geht das Weibchen an Land und sucht eine geeignete Stelle aus.

Reptilieneier besitzen eine pergamentartige Schale, sind daher recht empfindlich und trocknen schnell aus. Deshalb suchen die Weibchen in der Regel Eiablageplätze, die ausreichend Feuchtigkeit und genügend hohe Temperaturen zur Eientwicklung bieten. Die Eidechsen vergraben ihre Eier oftmals in sandigen Hügeln. Ringelnattern sind bekannt dafür, dass sie ihre Eier in Kompost- und Misthaufen ablegen. Sumpfschildkröten graben selbst Löcher in die feuchte Erde. Nach der Eiablage verschließen die Tiere das Gelege. Damit haben die Elterntiere ihren Dienst getan, denn eine Brutpflege

Kopulation bei der Kreuzotter – rechts ein schwarz gefärbtes Exemplar

Begattung bei der Mauereidechse, bei der sich das Männchen nach typischer Eidechsenart in der Flanke des Weibchens verbeißt.

gibt es bei ihnen nicht. Im Gegenteil: Manche würden sogar ihre eigenen Jungen als Beute betrachten, wenn sich später zufällig ihre Wege kreuzen.

Sommer

Nach vier bis zwölf Wochen – je nach Reptilienart und Außentemperatur – schlüpfen die Jungen, die dann schon völlig selbstständige, wenn auch verkleinerte (und farblich schlichtere) Abbilder ihrer Eltern sind. Bei einigen Arten, vor allem solchen, die in kälteren Gefilden vorkommen, findet das Ausbrüten der Eier im Körper der Weibchen statt. Sie schlüpfen dann entweder noch im Mutterleib oder ganz kurz nach Ablage der Eier aus der Eihülle. In Deutschland, Österreich und der Schweiz sind dies: Waldeidechsen (S. 26), Blindschleichen und Schlingnattern sowie die vier Vipernarten Kreuzotter, Hornotter, Wiesenotter und Aspisviper.

Der weitere Jahresverlauf der Reptilien ist im Wesentlichen bestimmt durch Überleben und Wachstum bei den Jungtieren und durch Aufbau von Körperreserven bei den Alttieren. Reptilien sind – bis auf wenige Ausnahmen – Fleisch- beziehungsweise Insektenfresser. Einige nehmen aber auch gelegentlich pflanzliche Nahrung zu sich. In der Regel erfolgen in der Wachstumsphase mehrere Häutungen, zumindest aber eine Frühjahrs- und eine Herbsthäutung. Die alte Haut wird entweder in einem Stück (zum Beispiel bei Schlangen als sogenanntes Natternhemd) oder über Tage in Fetzen abgestreift und vielfach gleich aufgefressen, zum Beispiel bei manchen Eidechsen.

Zum Schutz vor Beutegreifern haben Reptilien verschiedene Abwehrmechanismen entwickelt. Der bekannteste ist das Abwerfen des Schwanzes bei den Eidechsen. Ihre Schwanzwirbel verfügen über Sollbruchstellen, an denen der Schwanz abbrechen kann. Wird ein Schwanzstück abgeworfen, zappelt es noch eine Weile, irritiert damit den Jäger und verschafft der Eidechse oft den notwendigen Vorsprung zur Flucht. Das Schwanzende wächst in der Regel innerhalb einiger Monate wieder nach, erreicht aber meist nicht mehr die ursprüngliche Länge. Ringel- und Würfelnattern sondern

zur Feindabwehr gelegentlich ein übelriechendes Darmsekret ab oder stellen sich mit der sogenannten Akinese tot.

Oben: Waldeidechsen gehören zu den sieben Reptilienarten Deutschlands, Österreichs und der Schweiz, die lebende Junge zur Welt bringen.

Unten: Bei der Häutung stoßen Schlangen ihre alte Haut oftmals in einem Stück als sogenanntes „Natternhemd" ab.

Herbst und Winter

Wenn die Temperaturen im Herbst sinken und die Tiere die für sie notwendigen Aufwärmtemperaturen nicht mehr erreichen können, suchen sie ihre Winterquartiere auf: unter Baumstümpfen, Laubhaufen, in Mist- oder Komposthaufen, in selbst gegrabenen Erdlöchern oder Nagergängen, in Stollen, Höhlen, Felsspalten oder in Totholzhaufen. Sumpfschildkröten überwintern in der Regel auf dem Grund nicht

völlig durchfrierender Gewässer und reduzieren dann ihre Stoffwechselvorgänge auf ein Minimum. Die Winterruhe der Reptilien kann von Ende Oktober bis Mitte März, bei besonders wärmeliebenden Arten wie der Äskulapnatter sogar bis Anfang Mai dauern. In dieser Zeit haben die Tiere einen deutlich reduzierten Stoffwechsel und nehmen keine oder nur wenig Nahrung auf. Sie sind in dieser starren Zeit besonders durch starken Frost, Überflutungen ihrer Winterquartiere oder in Erdgängen überwinternde Nager (Ratten, Wühlmäuse) gefährdet.

Oben links: Im Sommer legen die Reptilien ihre Körperreserven für den Winter an. Die meisten Arten sind Fleisch- beziehungsweise Insektenfresser.

Oben rechts: Gelegentlich wächst an der Bruchstelle des Eidechsenschwanzes ein Gabelschwanz.

Unten: Zum Schutz vor Beutegreifern können Eidechsen einen Teil ihres Schwanzes abwerfen.

Einige Besonderheiten von Reptilien

Die Sumpfschildkröte: Verraten durch die DNA

Die Europäische Sumpfschildkröte ist die einzige Schildkrötenart nördlich der Alpen und wirft damit immer noch Fragen nach ihrem Ursprung auf. Ihr eigentliches Verbreitungsgebiet reicht von Nordafrika und der Iberischen Halbinsel über ganz Südeuropa bis zum Aralsee in Asien. Sie fehlt dagegen in den kühleren Regionen wie Nordfrankreich, in der Alpenregion sowie in weiten Teilen Deutschlands, Österreichs und der Schweiz. Hier wurden jedoch immer wieder kleine Bestände von Tieren gesichtet und die Wissenschaftler fragten sich seit Langem, ob es sich dabei jeweils um ursprüngliche (autochthone) oder angesiedelte (allochthone) Tiere handelt.

Entweder sind die Bestände komplett auf ausgesetzte Tiere zurückzuführen oder die Schildkröten sind in vergangenen wärmeren Zeiten in die Gebiete von Süden her eingewandert und dort geblieben. Dies schließt natürlich nicht aus, dass auch einige Tiere zusätzlich ausgesetzt wurden. Die Sumpfschildkröte war früher eine Fastenspeise und wurde vielfach in Kloster- und Burgteiche ausgesetzt. Es besteht deshalb durchaus die Möglichkeit,

Ist dies ein Exemplar einer ursprünglichen oder angesiedelten Sumpfschildkrötenpopulation? Auskunft gibt nur ein DNA-Test.

dass einige dieser Tiere entkommen sind. Früher wie heute kann es jedoch auch vorkommen, dass Touristen die Schildkröten aus südeuropäischen Ländern mitbringen und hierzulande aussetzen. Davor möchten wir hier ausdrücklich warnen. Weder Pflanzen noch Tiere sollten aus dem Urlaub mitgebracht werden, noch dürfen sie nach der gültigen Gesetzeslage zu Hause ausgesetzt werden.

Die Zweifel über die Herkunft der Sumpfschildkröten ließen sich erst mit Einführung von molekularbiologischen Analysemethoden endgültig ausräumen. Bis dahin hatte man nur südeuropäische Tiere eindeutig anhand ihrer Morphologie als gebietsfremd erkannt. Nun musste man sich nicht mehr nur auf das Äußere verlassen, sondern konnte die Herkunft der Tiere mittels DNA-Analyse bestimmen. Dabei stellte sich heraus, dass es sowohl in Deutschland als auch in Österreich und vermutlich auch der Schweiz nur noch kleine ursprüngliche Vorkommen der Sumpfschildkröte gibt. Die Gesamtindividuenzahl der österreichischen Donaupopulation wird auf 400 bis 1.000 Exemplare geschätzt. In Deutschland kommen nur im Odergebiet noch kleine ursprüngliche Sumpfschildkrötenbestände vor, alle anderen Funde sind süd- oder osteuropäischen Ursprungs. In der Schweiz ist die Datenlage ungewiss, allerdings gab es dort bis ins 18. Jahrhundert ursprüngliche Bestände.

Angesiedelte Sumpfschildkröte an einem künstlich angelegten Gewässer

Die Waldeidechse ist die Reptilienart mit der nördlichsten Verbreitung in Europa. Sie kommt bis zur Eismeerküste in Nordnorwegen vor.

Die Waldeidechse: Verbreitung in Superlativen

Die Waldeidechse ist ein recht unscheinbares heimisches Reptil. Mit etwa 18 Zentimetern Körperlänge ist sie unsere kleinste Eidechsenart. Doch sie hat es gleich in zweierlei Hinsicht in sich: in ihrer großflächigen Verbreitung und ihrer besonderen Fortpflanzungsweise. Das Verbreitungsgebiet der Waldeidechse sucht seinesgleichen unter allen europäischen Reptilien, denn sie kommt im gesamten Mittel- und Nordeuropa über das gemäßigte Nord-Asien bis zum Pazifik vor. Der westlichste Verbreitungspunkt ist Irland, der östlichste sind die Inseln Sachalin und Hokkaido im Nordpazifik und der nördlichste die Eismeerküste und die Barent-See in Nordnorwegen.

Eine Anpassung an diese nördliche Verbreitung stellt gewissermaßen die zweite Besonderheit der Waldeidechse dar: Als einzige Eidechsenart Europas legt sie nämlich keine Eier, sondern ist lebendgebärend. Genau genommen ist sie ovovivipaar. Das bedeutet, dass sie ihre sechs bis zehn Eier bis zur Schlupfreife der Jungtiere im Körper behält und erst dann absetzt. Die dünnen Eihüllen platzen praktisch während des Geburtsvorganges auf, und die hervorkommenden, etwa 35 Millimeter langen Jungtiere sind sofort selbstständig. Diese Eientwicklung im Mutterleib hat den Nachteil, dass sich das Weibchen während der Trächtigkeit (etwa 10 bis 12 Wochen) nur schwerfällig bewegen kann und damit auch stärker durch Beutegreifer gefährdet ist. Der Vorteil liegt jedoch darin, dass es durch Standortwechsel jeden Sonnenstrahl ausnutzen kann und damit auch in kälteren Regionen noch erfolgreich Jungtiere heranwachsen. Dabei werden die Embryonen nicht vom Mutterorganis-

Häutung

Ein unter den Wirbeltieren einzigartiger Vorgang ist die Häutung der Reptilien. Da deren Oberhaut (Epidermis) nicht mitwächst, muss sie von Zeit zu Zeit abgestoßen werden. Schon wenige Tage vor der Häutung trüben sich die Augen des Tieres, die Aktivität nimmt ab und die Nahrungsaufnahme ist meist eingeschränkt. Schließlich platzt die alte Haut am Kopf auf und das Tier streift sie ab.

mus versorgt, sondern ernähren sich vom Dotter in der Eihülle.

Um den Besonderheiten bei dieser Art noch die Krone aufzusetzen, muss noch erwähnt werden, dass in den Pyrenäen und im Ostalpenraum (Slowenien, Oberitalien und Kärnten) auch eierlegende Waldeidechsen vorkommen. Sie gehören zur Unterart *Zootoca vivipara carniolica* und weichen auch in der Zahl der Chromosomen von den anderen Unterarten ab. Um auf dieses Reptil und seine Besonderheiten aufmerksam zu machen, hat die Deutsche Gesellschaft für Herpetologie und Terrarienkunde (DGHT) die Waldeidechse 2006 zum „Reptil des Jahres“ ernannt.

Zu Zeiten der Trächtigkeit und während der Häutung sind Waldeidechsen besonders gefährdet und werden leicht Opfer von Beutegreifern.

Gefahren für Amphibien und Reptilien

Mancher wird sich über den Zustand der Welt und ihrer Bewohner erst richtig bei einem Zoobesuch bewusst. Hier findet sich nämlich an beinahe jeder Gehegebeschilderung ein rotes Dreieck mit der Aufschrift „Vom Aussterben bedroht". Dieses Label gilt leider auch für viele Amphibien und Reptilien: Sie gehören mittlerweile zu den bedrohtesten Tierarten weltweit.

Amphibien und Reptilien sind seit kurzer Zeit verstärkt in den Blickwinkel der Artenschützer gerückt. Lebensraumzerschneidung, Vernichtung von Laichgewässern, Klimawandel und ein tückischer Pilz bedrohen das (Über-)Leben vieler Populationen. Düstere Prognosen gehen davon aus, dass in den nächsten Jahren weltweit rund ein Drittel der 6.300 Amphibienarten und rund ein Fünftel der etwa 8.200 Reptilienarten aussterben könnte.

Mit den zuvor genannten relativ niedrigen Artenzahlen in Nord-Europa wird deutlich, dass sowohl Amphibien als auch Reptilien nicht unbedingt typische Charakterarten der heimischen Tierwelt sind. Manche Arten kommen hauptsächlich weiter südlich in wärmeren Gefilden vor. Für sie ist Deutschland der nördlichste Rand ihrer Verbreitung. Trotzdem haben sich beide Tiergruppen im Laufe ihrer Entwicklungsgeschichte optimal an ihre unterschiedlichen Lebensräume – auch in unseren gemäßigten Breiten – angepasst. Jetzt sind sie plötzlich innerhalb weniger Jahr(zehnt)e bedroht.

In Deutschland gibt es nur noch kleine Reliktvorkommen der Westlichen Smaragdeidechse, ansonsten ist die Art eher im Mittelmeerraum verbreitet.

Vom Aussterben bedroht

So gelten mittlerweile beispielsweise in Deutschland von den 21 heimischen Amphibienarten zwei als vom Aussterben bedroht und zehn als stark gefährdet oder gefährdet (zusammen 57 Prozent). Bei den Reptilien sind derzeit von 14 anerkannten Arten sechs vom Aussterben bedroht und fünf gefährdet oder stark gefährdet (zusammen 78 Prozent). Die Gründe dafür zeichnen sich zum Teil seit Jahrzehnten ab, zum Teil treten erst seit Kurzem neue Bedrohungen hinzu, die heimischen Amphibien und Reptilien zu schaffen machen. Seit Langem spielt die Zerstörung der natürlichen Lebensräume eine große Rolle beim Rückgang der Tiere. Für die Lebensräume sind es vor allem die Trockenlegung der Feuchtgebiete, Verfüllung von Teichen, Überdüngung und Nähstoffanreicherung (Eutrophierung) der Gewässer durch die Landwirtschaft, Einsatz von Herbiziden und Insektiziden, Zerschneidung von Amphibienbiotopen durch Straßen (Straßentod während der Wanderungen) und auch der Besatz von Gartenteichen mit Fischen.

Eine Aussterbewelle?

Biologen befürchten in den nächsten zehn Jahren eine ungeheure Aussterbewelle unter den Amphibien und Reptilien. Sie ist nur mit dem massenhaften Aussterben der Saurier zum Ende des Erdzeitalters Devon vergleichbar. Offenbar ist jetzt ein Punkt erreicht, wo sich mehrere Bedrohungen summieren. Ob dies noch durch menschliche Eingriffe in den Griff zu bekommen ist, ist fraglich. Manche tropischen Arten können offenbar nur durch Erhaltungszuchten vor dem Aussterben bewahrt werden.

Selbst früher recht häufige Arten wie der Grasfrosch gehen mancherorts aufgrund von Lebensraumverlust zurück.

Was das Überleben erschwert

Den Reptilien wird ebenfalls in zunehmendem Maße ihr Lebensraum genommen: Die Landschaft wird ausgeräumt, Bruchsteinmauern, Totholzhaufen und Gerümpelecken, unter denen die Tiere Zuflucht finden könnten, werden immer seltener.

Seltene Arten wie die Würfelnatter sind nicht nur durch Lebensraumzerstörung bedroht, sondern werden hier und dort auch von unbedarften Terrarianern weggefangen.

Ungestörte Heidegebiete, Brachlandschaften und „Steppengebiete" werden umgewandelt in Ackerland, Industrie- und Wohngebiete oder von aufwachsendem Gehölz überwuchert. Weinberge werden mit Schädlingsbekämpfungsmitteln benebelt. Viele Rückzugsgebiete von Reptilien werden von Wanderern, Reitern und Spaziergängern – mit und ohne Hund – dauernd gestört, und schließlich geht auch hier und dort noch eine Gefahr von unbedarften Terrarianern aus, die manche Kleinpopulation schlicht und ergreifend wegfangen. Oder umgekehrt: Wenn gebietsfremde Tiere wie nordamerikanische Zierschildkröten oder Ochsenfrösche unerlaubt ausgesetzt oder gar in größerem Umfang angesiedelt werden, gefährden sie unter Umständen heimische Amphibien- und Reptilienbestände und verfälschen die natürliche Tierwelt.

Klimawandel und das Schwinden der Gewässer

Neben diesen klassischen Bedrohungsfaktoren kommen seit wenigen Jahren drei weitere hinzu: Zum einen darf der Klimawandel nicht unterschätzt werden. Die klimatischen Verhältnisse ändern sich auch in Mitteleuropa weitaus schneller als von Experten prognostiziert. Was daraus für Verbreitung und Überleben der Amphibien und Reptilien folgt, ist bisher nur ansatzweise klar. Man weiß inzwischen, dass durch diese weltweiten Wetteränderungen die Niederschlagsmengen in vielen Regionen sinken. Seen, Teiche und Weiher trocknen langsam aus. Die Laichplätze werden weniger. Dadurch geht nicht nur der Lebensraum der Tiere verloren. In den seichten Tümpeln lauert eine weitere Gefahr. Hier sind die Tiere nun dem ultravioletten Sonnenlicht stärker ausgesetzt als zuvor in tieferen Laichgewässern. Durch die höhere UV-Strahlung werden Kaulquappen anfälliger für Infektionen und Krankheiten. In einer Studie an der nordamerikanischen Krötenart *Bufo boreas* starben letztlich mehr als 50 Prozent der Larven, die sich in einer Wassertiefe von weniger als

Nordamerikanische Zierschildkröten gehören zu den gebietsfremden Tieren, die zur Bedrohung für heimische Amphibien und Reptilien werden können.

20 Zentimetern entwickelten, an einer Infektion mit dem Pilz *Saprolegnia ferax*. Von jenen Larven, die in einer Tiefe von mehr als 45 Zentimetern heranwuchsen, fielen hingegen maximal 19 Prozent dem Erreger zum Opfer (Kiesecker, Blaustein & Belden 2001).

Ein Pilz aus Südamerika

Eine zweite, weitaus verheerendere Bedrohung für viele Amphibienpopulationen geht von einer Pilzerkrankung namens Chytridiomykose aus, die durch den Pilz *Batrachochytrium dendrobatidis* verursacht wird. Die Erkrankung wurde erstmals an afrikanischen Krallenfröschen nachgewiesen. Von dort aus wurde sie vermutlich über den Handel mit Krallenfröschen weltweit verbreitet. Gegenwärtig scheint diese Pilzerkrankung im Freiland vor allem für Bestandsrückgänge von Amphibienpopulationen in Australien und den Bergregionen Zentral- und Südamerikas verantwortlich zu sein. Von dort (Costa Rica, Französisch Guyana) kamen auch Importe mit Pfeilgiftfröschen nach Europa, die innerhalb weniger Tage an dieser Pilzerkrankung starben. Ob diese Importe die Quelle für den Übergriff der Krankheit auf mehrere europäische Länder sind, ist allerdings ungewiss. Auch für Deutschland, Österreich und die Schweiz liegen inzwischen Erkrankungsnachweise für mehrere Amphibienarten vor. Die – zweifellos bestehenden – Wechselwirkungen zwischen der Chytridiomykose und dem Klimawandel müssen allerdings noch genauer erforscht werden.

Oben: Die Eier der Krötengoldfliege verursachen bei der Ablage auf die Haut der Erdkröte zunächst keine Schäden.

Unten: Im fortgeschrittenen Stadium zerstören die Larven der Krötengoldfliege Schnauze, Kopf und Gehirn, sodass das Tier qualvoll stirbt.

Die Krötengoldfliege

Eine weitere Beeinträchtigung von Amphibien wird durch die Krötengoldfliege verursacht. Sie befällt insbesondere Erdkröten, aber auch alle anderen einheimischen Frösche und Kröten sind in der Literatur als gelegentliche Wirtsarten genannt. Die Fliegen legen zur Fortpflanzungszeit ihre weißen länglichen Eier auf dem Körper der Kröten ab. Die schlüpfenden Larven dringen dann in die Nasenlöcher der Kröte ein und ernähren sich von dem Weichgewebe des Tieres. Nach wenigen Tagen ist der Schnauzen- und Kopfbereich schon völlig deformiert. Später, wenn die Larven das Gehirn erreicht haben, stirbt die Kröte qualvoll. Die Larven verpuppen sich und verlassen schließlich als fertige Fliegen den Kadaver. Es ist bisher kaum bekannt, in welchem Maß diese Fliegen zur Dezimierung von Amphibienpopulationen beitragen. Eventuell ist dies auch ein bislang wenig beachteter natürlicher Vorgang. Hier gibt es noch dringenden Forschungsbedarf.

Unter dem Strich ist die Zeit mittlerweile mehr als reif, um auf die Bedrohungen der Amphibien und Reptilien hinzuweisen und Lösungsvorschläge anzubieten. Die Lebensuhren stehen für manche Arten auf fünf vor zwölf. Experten befürchten, dass in den nächsten zehn Jahren 30 bis 40 Prozent der heute bekannten Amphibienarten aussterben werden, wenn sich an den Bedrohungen nichts ändert. Etwas günstiger sieht die Prognose für die Reptilien aus. Hier schätzen Fachleute den Rückgang im nächsten Jahrzehnt auf etwa 20 Prozent ein.

Mit Kescher und Gummistiefeln: Schutz vor der eigenen Haustür

Initiative ist gefragt

Der Blick in die Zeitung gewährt einen Blick in die Welt. Vieles liegt im Argen, vieles wird von der Politik nicht immer zufriedenstellend entschieden – auch und besonders im Umweltbereich. Warum sollten die Bürger sich dann kümmern? Gerade im Naturschutz ist aber private Initiative gefragt, denn seltene Tiere und Pflanzen haben gegenüber Baumaßnahmen, Autobahnen und „Flurbereinigungsmaßnahmen" oftmals keine Lobby.

Sicher, viele würden es gar nicht merken, wenn die eine oder andere Amphibien- oder Reptilienpopulation nach dem letzten Winter gar nicht mehr auftauchen würde. Wahrscheinlich würden die Gartenteichbesitzer als Erste aufmerksam, wenn keine Kröten mehr laichen, keine Molche mehr einwandern und keine Grünfrösche mehr quaken. Das Aussterben geschieht ansonsten eher still und unscheinbar.

Hier ein Tümpel, der verfüllt und dann von Laubfröschen nicht mehr besiedelt wird, dort eine Kreuzkröten-Brache, die industriell bebaut und mit Schwerlastwagen befahren wird. Hier ein kleiner Blindschleichenstandort, der zunehmend „aufgeräumt" und damit aufgelöst wird, dort eine kleine Zauneidechsenpopulation am ehemaligen Bahndamm, dessen Trasse nach Jahrzehnten in einen viel frequentierten Rad- und Wanderweg umgewandelt wird.

Links: Aus einer ursprünglich nicht begehbaren Bahntrasse wurde nach der Stilllegung ein Radfahr- und Wanderweg. Eidechsen und Blindschleichen sind hier inzwischen von der Bildfläche verschwunden.

Rechte Seite: Dieses Laichgewässer für Laubfrösche konnte durch Verhandlungen mit einem Landwirt bewahrt werden.

Die kleinen Beiträge ...

Viele werden sich fragen: Was ist dagegen zu tun? Lässt sich diese Entwicklung überhaupt noch aufhalten? Eine überzeugende und vor allem ehrliche Antwort darauf ist nicht einfach zu geben. Alle gegenwärtigen Entwicklungen deuten eher darauf hin, dass der zuvor beschriebene negative Trend in den nächsten Jahren anhalten wird. Keine noch so engagierte Bürgerinitiative wird ein Großprojekt eines weltweit tätigen Stahlgiganten verhindern, nur weil auf dessen Betriebsgelände eine Kreuzkrötenpopulation lebt. Keine Untere Landschaftsbehörde wird einen privaten Gartenteichbesitzer letztlich hindern, seinen mit Bergmolchen und Grünfröschen besetzten Teich zuzuschütten, wenn er darin eine Gefahr für sein dreijähriges Enkelkind sieht. Und kein Straßenbauamt wird eine geplante Trasse zu den Akten legen, nur weil sie einen traditionellen Wanderweg von Erdkröten durchschneidet. Nein, es sind eher die kleinen Initiativen und Erfolge, die Hoffnung geben: Ein Zaun um das Zentrum einer kleinen Zauneidechsenpopulation, um Spaziergänger und Hunde außen vor zu halten. Ein Gespräch mit einem Landwirt, dessen Ergebnis der Schutz eines Laubfroschgewässers mitten in seiner Wiese ist. Gezielte Information eines künftigen Gartenteichbesitzers, der daraufhin auf Fischbesatz verzichtet und stattdessen auf selbst einwandernde Molche und Libellen hofft. Eine konstruktive Absprache mit dem Revierförster, der ein letztes Zauneidechsenbiotop von der Verbuschung freihält und damit vor der Vernichtung bewahrt. Solche Initiativen hat es allerdings schon immer gegeben – oftmals angeführt von den hiesigen Naturschutzverbänden wie NABU oder BUND – aber nicht selten auch aus privatem Interesse von Garten-, Teich-, Feld-, Wald- und Wiesenbesitzern.

Reptil und Lurch des Jahres

Eine Idee, um bedrohte Amphibien und Reptilien dauerhaft im Gespräch zu halten, ist die jährliche Benennung eines Reptils oder eines Lurchs des Jahres, so wie dies seit einigen Jahren die Deutsche Gesellschaft für Herpetologie und Terrarienkunde (DGHT) tut. Auf diese Weise ist nach der Waldeidechse 2006, der Knoblauchkröte 2007, dem Laubfrosch im „Jahr des Frosches" 2008 nun die Würfelnatter als Reptil des Jahres 2009 ausgerufen worden. Mit dieser Aktion wird zum einen öffentlich über eine bestimmte Art, ihre Biologie, ihre Bedrohung und ihren Schutz informiert. Zum anderen aber wird mithilfe der Begleitmaterialien (Flyer, Poster, Logos usw.) auch gezeigt, wie komplex und empfindlich die Lebensräume von Amphibien und Reptilien sind. Zum Schutz der „Leitart" und auch der anderen Tier- und Pflanzenarten wird so aufgefordert und beigetragen. Eine gelungene Aktion, ohne die es für so unscheinbare Arten wie Waldeidechse und Co. wahrscheinlich keine Lobby gäbe.

Eine Kampagne internationaler Größenordnung hat die Weltzoo-Organisation (WAZA) Ende 2007 in Zusammenarbeit mit dem Europäischen Zooverband (EAZA) und der Weltnaturschutzunion IUCN unter dem Titel „Amphibian Ark Campaign 2008 – The Year of the Frog" in Gang

amphibian ark

Die Würfelnatter ist im Jahre 2009 von der Deutschen Gesellschaft für Herpetologie und Terrarienkunde zum „Reptil des Jahres" ausgerufen worden.

gesetzt. Im deutschsprachigen Raum firmierte das Projekt – in Zusammenarbeit der Zooverbände im deutschsprachigen Raum, der DGHT, dem Berufsverband der Zootierpfleger (BdZ) und dem Verband deutschsprachiger Zoopädagogen (VZP) – unter den Titeln „Sei kein Frosch – hilf den Kröten“ oder „Jahr des Frosches 2008“. In diesen Kampagnen wurden Schutzmaßnahmen gegen das weltweite Amphibiensterben entwickelt und Vorschläge für deren praktische Umsetzung erarbeitet und weltweit verbreitet. Die Maßnahmen umfassen Aktivitäten in den angestammten Lebensräumen der betroffenen Arten (zum Beispiel die Ausweitung von Schutzgebieten), Forschung an der Ausbreitung und Bekämpfung von Pilzerkrankungen (vor allem Chytridiomykose) bis hin zur Nachzucht von besonders gefährdeten Arten.

Aber auch abseits von großen nationalen oder internatonalen Aktionen oder Kampagnen sind Amphibien- und Reptilienschutzmaßnahmen möglich. Jeder und jede wird in seinem oder ihrem Umfeld (Gemeinde, Jugendgruppe, Arbeitsplatz…) Möglichkeiten finden, sich für den Schutz der genannten Artengruppen einzubringen. Davon wird im nächsten Kapitel ausführlich die Rede sein.

Beobachtung, Bestandskontrolle und Kartierung

„Man liebt nur, was man kennt, und man schützt nur, was man liebt.“ Dieser Leitsatz, der dem österreichischen Verhaltensforscher Konrad Lorenz zugeschrieben wird, steht über allen praktischen Amphibien- und Reptilien-Schutzmaßnahmen. Zunächst müssen die Lebensräume der Tiere und möglichst auch ihre Bestandsgrößen sowie die Faktoren, die ihr Leben und Überleben beeinflussen,

Reptil und Lurch des Jahres

Alljährlich stellt die Deutsche Gesellschaft für Herpetologie und Terrarienkunde (DGHT) eine Art aus der Gruppe der europäischen Amphibien und Reptilien in den Fokus einer Öffentlichkeitskampagne. Ziel ist nicht nur die Vorstellung dieser Art, sondern auch die Sensibilisierung der Bevölkerung für deren Schutz. Gleiches wollen die Aktionen „Ein König sucht sein Reich“, „Sei kein Frosch – hilf den Kröten“ und die internationale „Amphibian Ark Campaign – The Year of the Frog“ erreichen.

Viele Initiativen stellen Reptilien und Amphibien in den Mittelpunkt ihrer Öffentlichkeitsarbeit.

bekannt sein. Erst dann können Fachleute schützend und lenkend eingreifen.

Jede aussagekräftige Kartierung beginnt mit einer einfachen Beobachtung: Oft sieht man Kröten, Molche, Frösche oder Eidechsen per Zufall auf einem Spaziergang. Man nimmt dann einen Naturführer zur Hand und bestimmt das Tier. Dabei stellt sich auch heraus, ob der Fundort innerhalb des bekannten Verbreitungsgebietes liegt. Zusammen mit Hunderten oder Tausenden anderer Einzelfunde anderer Beobachter ergibt sich somit ein Bild von der aktuellen Verbreitung einer Art.

Wer Lust hat, sich ein bisschen intensiver damit zu beschäftigen, kann eine Exkursionskladde führen. Darin kann man systematisch alle Amphibien- und Reptilienbeobachtungen – vom Gartenteich bis zum Naturstandort – eintragen. Einen sehr guten Überblick erhält man, wenn man die Funde dann in eine Gebietskarte überträgt. Dazu sind Topografische Karten (TK) im Maßstab 1:25.000 üblich. Neben den Fundpunkten kann man so bei systematischer Beobachtung auch Aussagen über Bestandsgrößen bestimmter Populationen treffen – bei jahrelanger Kontrolle von Beständen auch über deren Veränderung.

Manche Arten sind relativ leicht durch Beobachtung nachweisbar, zum Beispiel Grünfrösche am Gartenteich, Mauereidechsen an spärlich bewachsenen Trockenmauern, Sumpfschildkröten am Sonnenplatz. Andere, wie Laubfrösche, werden eher aufgrund ihrer Rufe nachgewiesen. Einige Arten sucht man gezielt unter Totholz- und Steinhaufen (Bergmolche, Teichmolche während der Landphase), andere werden mittels Molchreusen (Kammmolch, Fadenmolch) oder mittels sogenannter Schlangenbretter (Holztafeln, Profilbleche) nachgewiesen (Kreuzottern, aber auch Blindschleichen). Einige Arten bekommt man jedoch so gut wie nie zu Gesicht und ist auf Zufallsbeobachtungen oder den Fund von „Natternhemden“ angewiesen (Schlingnatter, Äskulapnatter).

Die so zusammengetragenen Daten sind besonders für Fundortkataster wichtig. Deshalb sollte man sie zur Katalogisierung an entsprechende Arbeitsgruppen, Planungsbüros oder Untere Landschaftsbehörden weitergeben. Gut ist es auch, Fotos von den beobachteten Tieren zu machen. Man sollte aber immer darauf achten, die Tiere möglichst nicht zu stören. Bei der praktischen feldbiologischen Arbeit an Amphibien muss man außerdem darauf achten, dass man Krankheiten wie den Chytridpilz nicht von Standort zu Standort überträgt. Deshalb ist es wichtig, Stiefel und Kescher nach jeder Exkursion gründlich zu reinigen und zu desinfizieren.

Bundesweite Krötenzäune

Zur Wander- und Laichzeit der Erdkröten werden vielerorts in Deutschland und darüber hinaus ehrenamtliche Naturschützer aktiv, um teils kilometerlange Krötenzäune an viel befahrenen Straßen aufzubauen und damit die Tiere vor dem Verkehrstod zu retten. Zweifellos ein wichtiger Beitrag zum Naturschutz. Genauso wichtig ist aber auch die sachgemäße Information der politischen Entscheidungsträger, die immer noch Straßenbaumaßnahmen auch in Schutzgebieten zulassen.

Amphibien- und Reptilienschutz im eigenen Garten

Man mag viel über den weltweiten Rückgang von Pflanzen und Tieren diskutieren, das Aussterben vieler Arten beklagen und die Verantwortung gern anderen zuweisen. Aber wer überprüft wirklich seinen persönlichen Lebensstil, die private PKW-Nutzung und das eigene Konsumverhalten, die ebenso zu Umweltproblemen beitragen?

Besonders viel Einfluss nehmen kann der private Reptilien- und Amphibienschützer im heimischen Garten. Denn dort kann er – abgesehen von Bauvorschriften sowie familiären und nachbarschaftlichen Absprachen – in der Regel schalten und walten, wie er möchte. Somit steht auch der Umgestaltung eines Ziergartens oder der Neuanlage eines naturnahen Gartens mit vielen unterschiedlichen Nischen für heimische Amphibien und Reptilien meist nichts im Weg.

Eine Trockenmauer anlegen

Trockenmauern kennen wir als typische Gestaltungselemente in südlichen Urlaubsländern. Dort werden Weinberge, Wiesen und Gemüsegärten mit dem oftmals überreichlich anfallenden Steinmaterial mit sogenannten Lesesteinmauern eingefriedet. Auch im eigenen Garten ist je nach Idee und Platz die Anlage einer solchen Trockenmauer durchaus sinnvoll und möglich – nur eben meist im Miniaturformat. Eine Trockenmauer besteht im Wesentlichen aus einer Aufschichtung von Natursteinen, in deren Fugen Pflanzen für trockene Standorte gedeihen. Sie kann somit entweder einen Hang oder Erdhügel abfangen, sie kann auch ein Trockenbeet an einer Hauswand umranden oder ein völlig frei stehendes Hochbeet mitten im Garten. Eine solche Trockenmauer dient zahlreichen Tieren und Pflanzen als Kleinlebensraum und ist außerdem ein schönes gestalterisches Element im Garten.

Schritt 1: Die Wahl von Standort und Material

Am Anfang steht die Wahl des richtigen Standortes. Die einfachste Form der Trockenmauer ist die Umrandung eines Trockenbeetes an einer Haus- oder Garagenwand – bevorzugt in Südlage mit guter Sonneneinstrahlung. Aber auch mitten im Garten macht eine solche Trockenmauer als Hochbeet durchaus Sinn. Vorab sollte geklärt werden, welches Material zur Verfügung steht und welche Pflanzen gepflanzt oder begünstigt werden sollen. Die Materialfrage ist oftmals eine Frage des Geldbeutels. Natursteine gibt es in Baumärkten, Steinbrüchen oder Kiesgruben zu kaufen, den kleineren Bedarf kann man unter Umständen bei Friedhofsgärtnereien oder örtlichen Landwirten abdecken. Sie geben hin und wieder (und oftmals sogar kostenlos) die ausgepflügten Steine ab, die sie an ihren Feldrändern lagern. Die kommerziellen Händler haben – je nach Region – oft Kalksteine, Granit-, Basalt- oder

Sandsteine im Angebot. Immer häufiger wird auch die poröse rote oder braune Eifellava verwendet. Sie bringt weniger Gewicht auf die Waage. Wählen Sie möglichst nur eine Steinsorte und bauen Sie die Steine in natürlicher Lage ein.

Schritt 2: Die Vorbereitung des Untergrundes

Nach der Standort- und Materialauswahl beginnt die eigentliche Arbeit. Der Untergrund der Trockenmauer wird zunächst etwa spatentief ausgeschachtet. In diese Vertiefung kommt nun als Fundament und Drainage grober Schotter, der zuoberst glattgezogen und dann mit einem Stampfer oder einer Rüttelplatte etwas verdichtet wird. Dieses Fundament soll verhindern, dass die Steinmauer bei jedem Frost oder auch beim Unterwühlen durch Nager und Maulwürfe absackt oder ins Rutschen gerät. Der Aushub kann später als Fugenmaterial oder Substrat verwendet werden.

Schritt 3: Das Setzen der Steine

Nun erst beginnt der eigentliche Steinaufbau. Als Erstes wird eine untere Steinschicht gelegt, die die genaue Form der Trockenmauer bestimmt. Sie darf ruhig geschwungen oder etwas ungleichmäßig verlaufen, denn gerade Linien wirken steif und künstlich im Naturgarten. Die zweite Schicht wird im Kreuzverband gelegt und mit etwas Lehm oder lehmiger Erde aus dem Aushub vermauert. Wichtig ist, dass die Fugen zwischen den Steinen groß genug gehalten werden, damit Amphibien und Reptilien sich dazwischen verstecken und auch hinter der Trockenmauer ihre Winterquartiere nehmen können. Beim Bau müssen die Steine so gesetzt werden, dass die Mauer aus Stabilitätsgründen eine leichte Neigung nach innen, also zur Wand oder zum Hochbeet hin, bekommt. Gleichzeitig mit dem Wachsen der Mauer wird das Beetsubstrat eingebracht. Damit werden die Mauersteine abgefangen beziehungsweise verfestigt. Das Substrat besteht ganz unten meist aus grobem Material wie Steinresten, Schotter oder Kies für die Drainage und als Winterquartier für die Tiere. Dann folgt ein Erde-Lehm-Gemisch oder ein Erde-Lehm-Sand-Gemisch als Substrat für Trockenpflanzen. Bei einer Höhe von einem halben Meter sieht eine solche Trockenmauer schon ganz passabel aus, sie

Links: Bruchsteine aller Art sind für den Bau einer Trockenmauer geeignet.

Rechts: Ein fertiges Naturstein-Hochbeet im zweiten Jahr nach seiner Anlage

kann aber in unterschiedlichen Bereichen auch unterschiedlich hoch werden. Man muss nur darauf achten, dass überall Stabilität gewährleistet ist und nicht der nächste große Regen die Fugen oder das Substrat ausspülen kann.

Schritt 4: Die Bepflanzung

Zuletzt erfolgt die Bepflanzung. Hier hat man zunächst die Möglichkeit, nichts zu unternehmen und zu warten, mit welchen Pflanzengesellschaften sich eine solche Anlage von selbst begrünt. Unerwünschte Wildkräuter sollten allerdings in Abständen gezupft werden. Oder aber man wird sich im Gartenfachhandel mit allerlei Steingartenpflanzen oder Trockenstandortpflanzen eindecken und die Mauer bepflanzen (auch in den seitlichen Fugen). Hier kommen zahlreiche Stauden infrage, angefangen von den Küchenkräutern, die auf trockenem Boden gedeihen, über von selbst einwandernde Wildkräuter bis hin zu optisch ansprechenden Zierstauden, die mit ihren Blüten Insekten anlocken und mit Nahrung versorgen. Zu Beginn sollte man allerdings nicht zu viele Pflanzen einsetzen, denn die meisten werden in kürzester Zeit von selbst groß, gern auch mal zu groß. Eine solche Trockenmauer wird sich erst mit der Zeit zur vollen Pracht entwickeln und dann für viele Tiere und Pflanzen wertvolle Lebensräume bieten.

Ein Steingarten – perfekter Unterschlupf

Eine andere Form des Trockenbiotops ist der Steingarten. Auch er kann wiederum groß angelegt sein oder auf kleinstem Raum Platz finden. Die Gestaltungsmöglichkeiten im Hinblick auf Auswahl und Aufbau von Steinformationen, Sonnen- und Schattenbereiche sowie verschiedene Substratzonen für unterschiedliche Pflanzen sind im Steingarten bei Weitem größer als auf dem begrenzten Raum einer Trockenmauer. Auch hier ist wiederum darauf zu achten, dass Amphibien und Reptilien geeigneten Unterschlupf für ihre Landphase beziehungsweise zum Überwintern finden können.

Links: Professionell angelegte Trockenmauer zum Abfangen eines Hanges an einem öffentlichen Wanderweg

Rechts: An der Hauswand in Südlage lässt sich schnell und kostengünstig ein attraktiver Steingarten anlegen.

Teich und Bach im Garten

Viele Naturgartenliebhaber beginnen ihren Gartenumbau mit der Anlage eines Teiches. Zahlreiche Ratgeber stehen zu diesem Thema zur Verfügung und ebenso groß ist die Angebotspalette der Zubehörlieferanten oder der professionellen Teichbauer. An dieser Stelle kann aus Platzgründen keine komplette Bauanleitung für einen Teich gegeben werden, einige Hinweise sollen genügen.

Vorab möchten wir betonen, dass der künftige Teichbetreiber sich dessen bewusst sein muss, dass sich bei der üblichen Gartenteichgröße von wenigen Quadratmetern Wasserfläche ein Natur- und Fischteich nicht gleichzeitig realisieren lässt. Wer einen Goldfischteich oder Koi-Teich bauen möchte, muss mit ganz anderen Maßstäben an das Projekt herangehen als der Naturteichliebhaber. Ein Zierfischteich braucht viel Pflege und Technik, außerdem werden seine Bewohner meist in kurzer Zeit größer, vermehren sich und fressen alles das, was einen Naturteich ausmacht: den Laich der Frösche und Kröten, die frisch geschlüpften Molche, die Libellenlarven, Wasserkäfer und auch manche Wasserpflanzen. Beides zusammen – und dann eventuell mit wenigen heimischen Fischen – mag bei großen Wasserflächen funktionieren, bei den üblichen Gartenteichgrößen sollte man gar nicht herumexperimentieren, sondern gegebenenfalls gleich zwei verschiedene Teichanlagen bauen.

Einen Naturteich anlegen

Der Naturteich ist gekennzeichnet durch möglichst wenige Eingriffe – in jeder Hinsicht. Wer ganz viel Zeit hat, macht außer der Anlage eines abgedichteten Wasserbeckens gar nichts. Tiere und Pflanzen stellen sich früher oder später von selbst ein. Die meisten Teichbesitzer werden allerdings eine Anfangsbepflanzung vornehmen, um die Teichentwicklung etwas zu beschleunigen. Doch zunächst der Reihe nach:

Schritt 1: Wie groß und wohin? Die Wahl des richtigen Standortes

Der Standort des Naturteiches soll so bemessen sein, dass der Teich mehrere Stunden am Tag besonnt wird, aber auch Schattenphasen hat. Ihn unter großen Bäumen, die dauerhaft Schatten werfen,

Die Teichmulde mit den Tiefenzonen wird ausgehoben und modelliert.

anzulegen macht demnach ebenso wenig Sinn, wie ihn völlig in der freien Landschaft zu platzieren. Aus der gelösten Platzfrage ergibt sich – zumindest in kleineren Gärten – meist die Größenfrage. Zwar machen unter Umständen selbst kleine Wasserpfützen für bestimmte Tier- und Pflanzenarten einen Sinn, aber als Grundsatz gilt: Je größer die Wasserfläche ist und je mehr Volumen ein solcher Teich hat, um so eher und dauerhafter wird sich ein funktionierendes ökologisches Gleichgewicht einstellen. Dennoch sollte der Teich in einem Garten nicht unbedingt flächenmäßig dominieren, sondern *ein* Teil der Lebensraumvielfalt sein.

Tipp: Nicht zu flach ausheben

Vor Baubeginn wird nun die äußere Kontur des Teiches mit einem Band abgesteckt und dann die Mulde ausgehoben. Meist sind am Rand eher Flachwasserzonen vorgesehen, zur Mitte hin wird der Teich tiefer. Dazu zwei Bemerkungen aus eigener Erfahrung: Die Flachwasserzonen sollten nicht zu flach sein, sondern durchaus etwa 30 Zentimeter tief, denn nach der Teichgestaltung mit Kieselsteinen, der Randbepflanzung und dem sich mit den Jahren ansammelnden Pflanzenmulch verlanden diese Zonen zunehmend und trocknen in heißen Sommern schließlich ganz aus. Zum anderen gilt ein Augenmerk der tiefsten Stelle im Teich. In der Literatur wird im Hinblick auf die Überwinterung der im Teich lebenden Tiere immer wieder eine Tiefe von mindestens 80 bis 100 Zentimeter gefordert, damit der Teich nicht komplett durchfrieren kann. Auch hier die Empfehlung: Graben Sie besser etwas tiefer und planen Sie die gesamte tiefe Fläche etwas größer, denn der gesamte Teichmodder (hereinfallendes Laub, Sinkstoffe, absterbende Pflanzenteile) sammelt sich stets hauptsächlich an der tiefsten Teichstelle, die dann bald nicht mehr so tief ist wie notwendig. Die Winter der letzten zehn Jahre waren bei uns jedoch eher mild, sodass mit einem Durchfrieren des Wassers in vielen Teilen Mitteleuropas kaum mehr zu rechnen ist.

Schritt 2: Nach dem Ausheben

Das gesamte Teichrelief wird mit flachen Übergängen modelliert, zu guter Letzt ausgeharkt und dann mit einer gleichmäßigen dünnen Sandschicht und/oder einem Sicherheitsvlies ausgelegt. Erst dann wird

Bevor die Teichfolie ausgebracht wird, muss der Untergrund zur Sicherheit mit einem Sandbett und/oder einem Vlies ausgelegt werden.

Zur Randgestaltung eignen sich grober Kies und Natursteinplatten besonders gut.

die Teichmulde mit einer Teichfolie ausgekleidet. Je nach örtlicher Gegebenheit muss hier und dort gar keine Folie notwendig sein, weil der Grundwasserstand ohnehin recht hoch ist. Oder es bietet sich an, den Teich mit einer Tonschicht abzudichten. Das sind aber eher die Ausnahmen. Die Mehrzahl aller Gartenteiche wird heute als Folienteich gebaut, und an dieser Stelle kommt der Kostenfaktor ins Spiel. Zwar gibt es in Baumärkten und anderen Discountern neben anderen Produkten meist auch eine billige, in der Regel 0,5 Millimeter starke Folie, diese lässt aber oftmals an Stabilität und Qualität zu wünschen übrig. Wir empfehlen den Kauf einer 1-Millimeter-Folie im Fachhandel. Die ist relativ teuer, aber stabil, über Jahre hinweg UV-beständig und wird nicht so leicht von jeder aufstrebenden Wurzel durchbohrt. Diese Folie ist allerdings weniger flexibel. Ein Tipp ist daher, sie bei höheren Außentemperaturen zu verlegen, dass macht sie geschmeidiger. Trotzdem bilden sich häufig unschöne

Nach wenigen Jahren präsentiert sich ein gut bepflanzter Gartenteich wie ein Naturteich.

Falten. Hier ist es hilfreich, einen Fachmann beim Einlassen des Wassers hinzuzuziehen. Er kann helfen, die Falten zu glätten, die Ränder später abzuschneiden und die Randgestaltung vorzunehmen.

Schritt 3: Den Rand anlegen

Für den optischen Anblick ist es am schönsten, wenn später nach der Randgestaltung nirgendwo mehr schwarze Folienteile zu sehen sind. Dies erreicht man entweder durch eine umlaufende Natursteinumrandung, unter der die Folienenden versteckt werden. Oder man legt die Flachwasserbereiche mit einer Kiesfüllung oder mit kiesbeschichteten Randmatten aus. Letztere sind allerdings verhältnismäßig teuer. Die Randbepflanzung tut ein Übriges für den optischen Eindruck.

Schritt 4: Wasser marsch

Wie sieht die weitere Teichgestaltung aus? Zunächst wird dafür gesorgt, dass das Teichwasser (im Allgemeinen Leitungswasser) alle Bereich erfasst. Dort wo Bereiche trockenfallen, wird das Gelände nachmodelliert, bis der Punkt erreicht ist, wo das Wasser alle vorgesehenen Flächen bedeckt. An einer Stelle sollte ein Überlauf vorgesehen werden, an dem bei starkem Regen das überschüssige Wasser ablaufen kann.

Schritt 5: Begrünung auswählen

Dann kommt die Frage der Bepflanzung. Warten, bis sich die Vegetation von selbst einstellt, will kaum jemand. Und so wird man sich in der Regel in einem Gartenfachmarkt oder Teichzubehörhandel mit diversen Wasserpflanzen eindecken und

sie in den Randbereichen des Teiches einbringen. Das sieht in den ersten Jahren meist sehr schön aus, dann werden sich zunehmend aber bestimmte Pflanzenarten durchsetzen und schließlich das Teichbild dominieren. Dazu gehören zum Beispiel Rohrkolben *(Typha)* und Gelbe Sumpfschwertlilien *(Iris pseudacorus)*. Robust und durchsetzungsfähig sind auch Pfeilkraut *(Sagittaria sagittifolia)*, Fieberklee *(Menyanthes trifoliata)* und Laichkraut *(Potamogeton)*. Die Sumpf-Dotterblume *(Caltha palustris)* sollte in keiner Flachwasserzone fehlen und besticht im Frühjahr durch ihre gelben Blüten.

Anfangs sind wenige Eingriffe notwendig, lediglich die sich beinahe zwangsläufig einstellenden Fadenalgen sollten zunächst abgekeschert werden, später stellt sich eine Art Gleichgewicht beim Teich ein. In gut eingefahrenen Teichen braucht man einige Jahre fast gar nicht einzugreifen. Man sollte aber jeweils im Herbst dafür sorgen, dass der Nährstoffeintrag in das Wasser gering gehalten wird. Dazu gehört zum einen die Vermeidung allzu großen Laubeinfalles in den Teich mithilfe eines großen Netzes. Zum anderen wird im November, wenn alles Tierleben im Teich ruht, die gesamte Grünmasse oberhalb des Wasserspiegels mit der Sense abgemäht (Vorsicht mit der Folie!) oder abgeschnitten und kompostiert beziehungsweise im „Niemandsland" (vielleicht hinter dem Teich) gemulcht. Darunter finden wiederum Kröten und Molche ihre Winterquartiere.

Welche Tierarten sind im Gartenteich zu erwarten? Das hängt davon ab, welche Tiere aus der unmittelbaren (Teich-)Nachbarschaft die Möglichkeit zum Einwandern haben. Wenn ein Naturteich im Nachbargarten liegt, wird es nicht lange dauern, bis sich die ersten Grünfrösche einfinden. Auch Teichmolche oder Bergmolche werden schnell den neuen Teich als Laichgewässer erschließen, ebenso Libellen, Wasserkäfer und vieles andere Kleingetier im und am Teich. Wenn der nächste Teich weiter entfernt ist oder aber ringsum meilenweit nur Einheitsgrün und Betonwüste herrschen, dauert die Besiedelung eines Teiches länger. Viele Naturteichinhaber empfehlen den Neulingen auch, ihren Teich zu Beginn zu impfen und stellen dafür einen Eimer Wasser aus der untersten Sohle ihres eigenen Teiches mit allem darin befindlichen tierischen Gewimmel zur Verfügung. Auf diese Weise geht die Besiedelung eines neuen Teiches ein wenig schneller vonstatten.

Je nach geografischer Lage sind in einem Gartenteich durchaus auch kleine „Wunder" (das heißt: seltenere Arten) zu erwarten. Dann nämlich, wenn aus der Gegend Laubfrösche einwandern und im Teich laichen, wenn die Kreuzkröte ihre Laichschnüre zwischen den Wasserpflanzen verankert, wenn der Feuersalamander sich aus den nahe gelegenen Buchenwäldern zum Ablaichen einstellt oder wenn gar eine Ringelnatter ihr Jagdrevier an den oftmals reich gedeckten Tisch des Gartenteiches verlegt. Irgendwann jedenfalls hat fast jeder Teich einen Zustand erreicht, dass es in jedem herausgeholten Käscher voll Bodenschlick von Kleintieren nur so wimmelt. Wer wissen möchte, was genau dort alles wimmelt, wird sicher viel Freude daran haben, die Tiere mit einem Naturführer für Teich und Tümpel genauer unter die Lupe zu nehmen (zum Weiterlesen, S. 93).

Linke Seite: Teichfrösche sind neben Libellen und Wasserinsekten oftmals die ersten Besiedler eines neu angelegten Teiches.

In Gegenden, wo Zauneidechsen natürlicherweise vorkommen, werden sie nach kurzer Zeit auch Gäste im Naturgarten sein.

Totholz und Reisighaufen

Reisighaufen sind gewissermaßen die Fortsetzung des Mulchens im Groben. Dort, wo flache Reisighaufen aus Schnittgut von den Bäumen und Wildsträuchern im Garten aufgeschichtet werden, entstehen abgedeckte, wildkräuterfreie Flächen, auf denen Tiere Nahrung, Verstecke und Brutplätze finden können. Von den heimischen Vögeln begeistern sich besonders Zaunkönige dafür. Sie nisten oft nur wenige Zentimeter über dem Boden in solchen Reisighaufen. Igel finden darunter ihren Unterschlupf, Molche und Eidechsen ihr Winterquartier, Schlangen unter Umständen Eiablageplätze.

Totholzhaufen begünstigen die Ansiedelung von Amphibien und Reptilien im Garten, denn sie bieten Unterschlupf, Schutz und Nahrung.

Größere Äste und Baumstämme werden an einer wenig begangenen Stelle des Gartens zu einem etwas höheren Totholzhaufen aufgestapelt, der beidseitig von einigen senkrecht in die Erde geschlagenen Holzpfosten gehalten wird. In einem solchen Holzstapel findet sich, wenn er einige Zeit unberührt im Garten liegt, eine ungeheure Vielzahl von Tieren ein: von Spinnentieren, Ohrwürmern, Bienen, Käfern und Hummeln über Kleinsäuger und Vögel bis hin zu Amphibien und sogar Reptilien, wie Blindschleichen, Mauereidechsen und Ringelnattern. Voraussetzung ist natürlich, dass sie überhaupt in der Gegend vorkommen.

Einen Totholzhaufen anzulegen, kostet etwas Arbeit, aber nicht viel Geld. Er beansprucht etwas Platz im Garten, ist aber für den Naturschutz ungemein effektiv. Wer aus verschiedenen Gründen gezwungen ist, nach Jahren einen solchen Haufen einmal zu entfernen, wird in ihm viele Spuren tierischen Lebens finden.

Ein König sucht sein Reich

Unter diesem Titel wurde ab 2008 in Deutschland und darüber hinaus auf die Bedrohung der Amphibien und Reptilien aufmerksam gemacht. Im Mittelpunkt der Kampagne stand vor allem der Laubfrosch, dessen Lebensräume (vor allem Laichgewässer) in den letzten Jahren drastisch zurückgegangen sind. Verschiedene erfolgreiche Wiederansiedlungsmaßnahmen geben allerdings Hoffnung auf ein langfristiges Überleben der Art.

Freilandterrarien für Zuchtprojekte

Hier und dort sieht man inzwischen auch Freilandterrarien in Gärten, die der Nachzucht heimischer Amphibien und Reptilien dienen (sollen). Solche Terrarien sind verhältnismäßig leicht angelegt. Sie brauchen vor allem eine kröten- und eidechsensichere Umrandung, ein Wasserbecken und eine naturnahe Einrichtung. Außerdem sollten Schutzgitter oder -netze von oben und unten für räuberische Katzen, Ratten, Greifvögel und Rabenvögel vorgesehen werden, damit die im Terrarium lebenden Tiere möglichst unbehelligt bleiben.

An dieser Stelle können und sollen keine Anleitungen für den Terrarienbau sowie Pflege und Zucht von Amphibien und Reptilien gegeben werden. Dazu gibt die reichhaltige Fachliteratur Auskunft. Als Gartenbesitzer mit derartigen Zuchtambitionen sollte man sich vorab aber einige Fragen stellen: Besteht überhaupt die Möglichkeit, die gewünschten und in der Regel artengeschützten Tiere aus legalen Nachzuchten zu erwerben? Können diese Tiere langfristig artgerecht gehalten und nachgezüchtet werden? Welchem Zweck dient die Haltung und was soll mit dem Nachwuchs geschehen? Wäre Zeit und Engagement für ein solches Projekt nicht vielleicht sinnvoller in ein Artenschutzprojekt im Freiland investiert?

Hier sollte jeder Interessierte vorab für sich abwägen, welchen Ansatz er bei einem solchen Vorhaben verfolgt. Im ungünstigsten Fall dient ein solches Freilandterrarium nur der Befriedigung persönlicher Eitelkeiten, wird nach kurzer Betriebszeit wieder aufgegeben und Alttiere samt Nachzuchten werden im nächsten Tümpel „entsorgt“. Das kann nicht Sinn solcher Projekte sein. Andererseits kann man sich aber vorstellen, dass ein solches Projekt (im Schul- oder Gemeindegarten) durchaus pädagogischen Zwecken dient und die Zucht zum Beispiel seltener Kröten- oder Eidechsenarten in ein übergeordnetes Artenschutzprogramm mit gezielter Wiederansiedlung der Nachzuchten eingebunden ist. So könnte durchaus zum Schutz der Tiere beigetragen werden.

Freilandterrarium für eine Gruppe von Zauneidechsen

Amphibien und Reptilien mit Kindern schützen

Wer mit Kindern und Jugendlichen Amphibien und Reptilien schützen will, muss ihnen zunächst die Freude beim Beobachten vermitteln, aber auch das Verständnis für die ökologischen Zusammenhänge. Mit einem erhobenen Zeigefinger allein wird dies nicht gelingen.

Die Umweltpädagogik will vor allem Kindern und Jugendlichen anhand praktischer Erfahrungen und Erlebnisse Kenntnisse über die Natur und über ökologische Zusammenhänge vermitteln. Sie soll Interesse und Freude am eigenen Tun wecken, aber auch deutlich machen, dass dem menschlichen Eingreifen in die Natur Grenzen gesetzt werden müssen. Eine Konsequenz aus dem Erfahrenen sollte ökologisch sinnvolles Handeln und Verhalten sein.

Zu Hause fängt es an

Spricht in Ihrem Bekannten- und Verwandtenkreis überhaupt irgendjemand je über Amphibien und Reptilien, und weiß jemand über die Bedrohung beider Tiergruppen Bescheid? Wenn nicht, können Sie das leicht ändern. Sie sollten sich nicht scheuen, zuerst einmal überhaupt auf diese Tiergruppen und deren Problematik aufmerksam zu machen. Laden

Sie Ihre Bekanntschaft im Frühsommer zum Grillfest in den Garten ein, zeigen Sie Ihnen dabei Ihre Frösche und Molche am Gartenteich, sensibilisieren Sie Nachbarn, Freunde und Bekannte für dieses Thema. Beraten Sie bei Planung und beim Bau eines neuen Gartenteiches in der Nachbarschaft. Fragen Sie in der Schule Ihrer Kinder nach Öko-Projekten im Biologie-Unterricht. Bringen Sie in Erfahrung, ob Ihre örtliche Kirchengemeinde bei Umweltthemen am Ball ist. Sprechen Sie mit Ihrem Ortsvorsteher oder Bürgermeister über die lokale Umweltpolitik, geschützte Biotope und Naturschutzarbeit in Ihrem Stadtteil. Nehmen Sie Kontakt zur NABU-Ortsgruppe oder zu den BUND-Aktivisten auf und informieren Sie sich über deren Projekte und Aktivitäten. Sie und andere aktive Umweltgruppen können sicherlich hier und dort auch praktische Unterstützung gebrauchen.

Linke Seite: Mit gezielter Anleitung bringt die Tierbeobachtung Kindern im Grundschulalter viel Spaß.

Oben: Erlebnispädagogik setzt vor allem auf Beteiligung. Wer selbst einen Amphibienteich ausgräbt, wird ihn später höchstwahrscheinlich nicht zerstören oder vermüllen.

Frosch-Fest, Lurch-Nacht, Dino-Tag: Wie man schon die Kleinsten begeistert

Junge Krötenschützer kommen nicht von ungefähr. Wenn Ihnen das Thema am Herzen liegt, gibt es viele Möglichkeiten, mit denen man Kinder im Alter ab etwa vier Jahren an das Thema heranführen kann. Ein kleiner Umwelttag, verpackt als Frosch-Fest, Lurch-Nacht oder Dino-Tag, aufgepeppt mit vielen witzigen Ideen, begeistert dann nicht nur die Kleinen. Tatort ist die örtliche Schule oder die Kirchengemeinde, eventuell auch der hiesige Sportverein oder der private Kindergeburtstag. Hier kann man auf die bedrohten Tiergruppen aufmerksam machen und weitere Projekte anstoßen. Aber Achtung: Wer nur Mikroskope und wissenschaftliche Tafeln präsentiert, wird kaum mit großem Interesse rechnen dürfen. Wer aber ein Programm für die ganze Familie mit Frosch- und Dino-Spielen, Kaffee, Kuchen und Musik bietet, der wird ökologische Themen weitaus besser transportieren können und wesentlich mehr Besucher ansprechen. Und wenn am Ende etwas Geld für kommende Projekte in der Kasse übrig bleibt, ist es umso besser.

Auch für den Kindergarten gibt das Thema allemal genug Material, um ganze Nachmittage damit zu füllen. Der Kreativität sind hier keine Grenzen gesetzt. Eine Verknüpfung zu den Dinosauriern als Vorfahren bringt Abwechslung in das Programm. So bietet es sich zum Beispiel an, mit den Kindern Dinosaurier aus Fotokarton zu basteln oder aus Sperrholz auszusägen, Dinoskelette aus Gips auszugraben, Dinos zu puzzeln oder aus Gras zu säen oder einfach Dinogeschichten vorzulesen oder Dino-Lieder zu singen.

Angeregt durch viele Aktionen haben wir im Sommer 2009 in unserer Kirchengemeinde ebenfalls einen Aktionstag mit Amphibien-Ausstellung für die örtlichen Kindergärten und Grundschulkinder organisiert. Dabei wollten wir Aufmerksamkeit für die Tiergruppen erzielen und spielerisch über sie informieren. Wir wollten den Kindern zeigen, wo in unserer Nähe Amphibien und Reptilien leben. Ergebnis war ein Parcours mit vielen witzigen Ideen:

» Puzzeln: Motiv Frösche in der Bibel
» Fühlen: Amphibienhaut- und Laichimitate
» Hören: Amphibienlaute
» Sehen: Modelle von Fröschen, Kröten, Molchen, Salamandern
» Basteln: Froschmodelle

Ganz ohne lebendige Tiere ist es jedoch meist schwierig, die Kinder für das Thema zu begeistern. Und so haben wir außerdem ein Aqua-Terrarium aufgestellt, in dem wir mit behördlicher Genehmigung einige Teichmolche zeigen durften. Wichtig ist natürlich, dass es den Tieren in dieser Zeit an nichts fehlt und dass sie nicht übermäßigem Stress ausgesetzt werden. Kann man dies nicht sicherstellen, sollte man unbedingt auf die Präsentation lebender Tiere verzichten.

Linke Seite: Dino-Ausstellung einer Holz-AG in der Grundschule: Das ist eine Möglichkeit, Kinder an das Reptilienthema heranzuführen.

Rechts: Mitglieder einer Jugendgruppe bauen eine Amphibienausstellung. Technisches Know-how und handwerkliches Geschick sind hier gefragt.

Ausstellungen für Groß und Klein

Ein Reptilien-Aktionstag lässt sich beispielsweise für alle Altersgruppen vielfach durch eine Verbindung zu den Dinosauriern initiieren, die ja die Urahnen der heutigen Echsen darstellen. Und entsprechend setzen auch renommierte Zoos und Naturkundemuseen mit ihren Ausstellungen immer wieder auch auf diese Verbindung.

Während es immer schon spezialisierte Zoos mit dem Schwerpunkt Amphibien und Reptilien gab (Adressen siehe Serviceteil, Seite 92/93), kommen Aktionen und Ausstellungen zu den Tiergruppen auch in anderen Zoos immer mehr in Mode. Eine recht bekannt gewordene Wanderausstellung in Deutschland hatte den Titel: „Die Rückkehr der Dinosaurier" (1993) und später – mit verbesserter Animation und Technik – „Dinoversum" (2003). Sie war unter anderem zeitweise im Kölner Zoo und im Museum Alexander Koenig in Bonn zu sehen. Im Mittelpunkt standen lebensecht modellierte, animierte Saurierfiguren. Im Schweizer Natur-Museum Luzern waren 2003/2004 ebenfalls die Saurier Aufhänger für eine Ausstellung. Unter dem Titel: „Die Erben der Dinosaurier" wurden 19 Echsenarten in naturnah gestalteten Terrarien als Nachfahren der Dinosaurier präsentiert.

Im Rahmen der „Amphibian-Ark-Kampagne" und während des „Jahr des Frosches 2008" wurden international und national viele weitere Ausstellungen – diesmal mit dem Schwerpunkt bei den Amphibien – konzipiert.

Im Kölner Zoo wurde mit der Kampagne „Haste mal 'n paar Kröten?!" auf die dramatische Situation der Amphibien aufmerksam gemacht. Kernstück der Aktion war eine Ausstellung im Aquarium, wo mit Unterstützung des Museums Alexander Koenig in Bonn und dem NABU Stadtverband neun in Köln vorkommende Arten in naturnah gestalteten Terrarien vorgestellt wurden und damit das Leben der Amphibien für eine breite Öffentlichkeit veranschaulicht wurde.

Im Zoo Zürich in der Schweiz hat das Projekt „Das Schweigen der Frösche – Amphibien in Gefahr" große Beachtung gefunden. Hier wurde bereits 2006 eine permanente Ausstellung in das Exotarium eingebaut.

Praktische Projekte in der Kinder- und Jugendgruppe

Die Durchführung kleiner Aktionstage ist die eine Seite, ein praktisches Amphibien- oder Reptilienprojekt eine andere. Hier geht es dann nicht mehr nur um Informationsverbreitung, Basteln, Spielen, Geselligkeit und das Aufbessern der Projektkasse. Hier geht es um praktischen Umweltschutz vor der Haustür. Meist handelt es sich dabei um eine Landschaftspflegemaßnahme, Mithilfe bei Bau und Überwachung von Krötenzäunen, den Bau einer Trockenmauer oder eines Amphibienteiches. Meist ist eine solche Aktion eingebunden in ein größeres Projekt des örtlichen Naturschutzverbandes, der Grundschule oder Kirchengemeinde, die sich praktischen Umweltschutz auf ihre Fahnen geschrieben hat und gleichzeitig Umweltpädagogik für die betreuten Kinder oder für Jugendliche betreiben will. Nach unserer Erfahrung sind Kinder bis zu etwa zwölf Jahren durch derartige Aktionen und praktische Mitmach-Angebote relativ leicht zu motivieren, besonders wenn die ganze Familie angesprochen wird. Aber letztlich bleiben nur wenige beim Umweltthema hängen. Sie engagieren sich dann später oftmals direkt bei den NABU- oder BUND-Ortsgruppen und nehmen aktiv an deren Jahresprogrammen teil.

Linke Seite: Fünf vor Zwölf für die Amphibien auf der Roten Liste. Aus der Ausstellung „Das Schweigen der Frösche" im Zoo Zürich

Rechts: Familientag bei der Neuanlage eines Amphibienbiotops

Rechts unten: Jugendliche drehen einen Film an einem Kreuzkröten-Standort, der demnächst industriellen Zwecken geopfert werden soll.

Eher Lerncharakter hat der Bau einer Trockenmauer oder eines Feuchtbiotops auf Schul- oder Gemeindegelände, welche wir in den vorausgegangenen Kapiteln beschrieben haben. Beides lässt sich auch mit einer Kindergruppe bewerkstelligen. Ob sich dann dort aber jemals Amphibien oder Reptilien einstellen werden, hängt vom Standort ab. Auf jeden Fall gedeiht dort eine reichhaltige Trockenflora oder Wasserfauna, deren genauere Beforschung zumindest den Biologieunterricht bereichert.

Landschaftspflegemaßnahmen mit direkten praktischen Auswirkungen auf heimische Reptilien oder Amphibien werden meist von den örtlichen Naturschutzgruppen einschließlich der angeschlossenen Kinder- und Jugendgruppen durchgeführt. Dazu zählt zum Beispiel

- das Entmüllen von Gewässern nach der Fortpflanzungsphase von Amphibien,
- das Freischneiden von Trockenmauern mit Mauereidechsenbeständen,
- das Entfernen von Birkenaufwuchs in Zauneidechsenvorkommen,
- die Anlage von Kompost- und Totholzhaufen als Eiablageplätze für Schlangen,
- das periodische Mähen einer Wildwiese und vieles andere mehr.

Solche Aktionen lassen sich oftmals als Aktionstage für die ganze Familie gestalten. Nach der Arbeit gibt es gegrillte Würstchen und Getränke und vielleicht noch eine anschließende Pressenotiz, die nicht nur auf das gelungene Werk hinweist, sondern auch Motivation für alle Beteiligten schafft: „Ich war dabei!" Aber wichtig ist fachliche Begleitung und Beratung, weil „blinder Aktionismus" meist mehr schadet als hilft.

Nicht nur Rauchen kann tödlich sein – auch Vermüllen und menschliche Eingriffe in die Landschaft können zum Aussterben einheimischer Reptilien- und Amphibienarten beitragen.

Wer bei solchen Aktionen dann vielleicht ein verstärktes Interesse an der Naturschutzarbeit entwickelt und mehr machen möchte, wird sich früher oder später einem Naturschutzverein oder -verband anschließen, dort regelmäßig an den Versammlungen teilnehmen und die immer wiederkehrenden Jahresaktivitäten mitgestalten. Eine zeit- und arbeitsaufwendige Aktion vieler Vereine ist zum Beispiel die Kontrolle der jährlichen Krötenwanderungen.

Wenn sich für diese Aktivitäten tatsächlich eine Gruppe Interessierter gefunden hat, stellt sich schnell die Frage nach der Finanzierung kleinerer Anschaffungen und von Materialkosten. Hier kann man sich beispielsweise an Jugendämter, Jugendreferate, Kirchenkreise und Bistümer wenden. Sie haben manchmal bestimmte Posten für Umweltaktivitäten in ihrem Jahreshaushalt. Oft müssen dafür aber umfangreiche Anträge ausgefüllt werden. Auch Energieversorgungsunternehmen, Wasserwerke und andere Firmen vergeben in gewissen Abständen Geldpreise für besondere Umweltaktivitäten. Wichtig ist hierbei stets, dass man die vom Unternehmen geforderten Rahmenbedingungen erfüllt und bei der Vielzahl der Bewerber schnell genug ist.

Eigeninitiative ist gefragt: Die Jugendgruppe steht bereit und will einen Amphibienteich anlegen.

Krötenzäune aufstellen und kontrollieren

Gewissermaßen der Klassiker unter den Naturschutzaktivitäten ist der Aufbau und die Betreuung von Krötenzäunen im Frühjahr. Sobald nach dem Winter etwas wärmere Witterung einsetzt – meist nicht vor Mitte Februar – beginnen viele Naturschutzgruppen mit dem Aufbau oft kilometerlanger Krötenzäune. Sie sollen an viel befahrenen Straßen verhindern, dass Kröten (in der Regel Erdkröten) auf dem Weg zu ihren traditionellen Laichgewässern zu Hunderten und Tausenden überfahren werden. Stattdessen laufen die Kröten auf der Suche nach einem Durchlass an den Krötenzäunen entlang. Sie fallen dann in die in Abständen eingegrabenen Fangeimer und werden jeweils frühmorgens von helfenden Händen unbeschadet über die Straße getragen. Auf diese Weise fangen sich an bestimmten Straßen mehrere hundert oder tausend Tiere pro Saison und werden damit erfolgreich vor dem Straßentod gerettet.

Diese Aktionen genießen in der breiten Öffentlichkeit in der Regel eine hohe Sympathie und Ak-

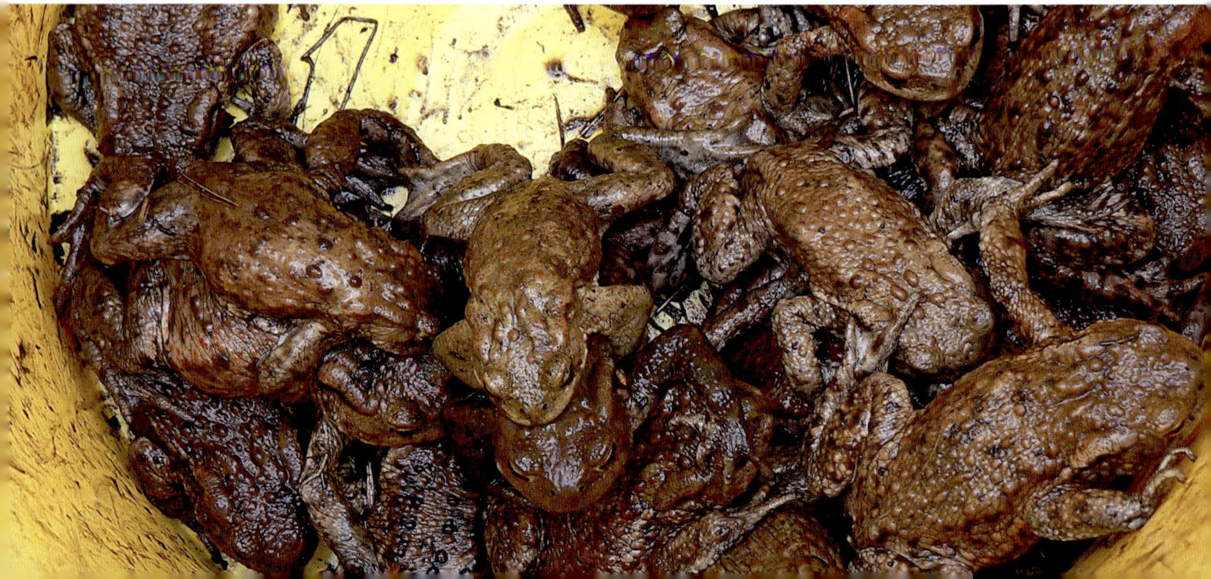

zeptanz. Für ihre Durchführung sind allerdings Jahr für Jahr viele helfende Hände beim Zaunauf- und -abbau erforderlich. Auch die tägliche Kontrolle der Fangeimer ist – je nach Streckenlänge – zeit- und personalaufwendig und wird fast immer von ehrenamtlichen Naturschützern durchgeführt. Wer sich für die Mitarbeit interessiert, sollte zunächst bei seiner örtlichen NABU-Gruppe nachfragen. Wenn diese selbst keine Krötenzäune baut, wird man dort zumindest Adressen von anderen Aktiven bekommen können. Auch ein Blick ins Internet fördert in der Regel die passenden Kontakte zutage.

Linke Seite oben: Mitglieder der NABU-Ortsgruppe Dinslaken (Kreis Wesel) bauen alljährlich ihren Krötenzaun auf.

Linke Seite unten: Es wimmelt vor Erdkröten, wenn die Fangeimer am frühen Morgen geleert werden.

Oben: Amplexus bei Erdkröten im Fangeimer

Amphibien und Reptilien im Porträt

Wir stellen hier die einheimischen Amphibien (S. 64-77)und Reptilien (S. 78-91) Deutschlands, Österreichs und der Schweiz vor. Auch Hinweise auf gebietsfremde, ausgesetzte Arten haben wir aufgenommen. Die Hinweise zur Gefährdung richten sich nach den aktuellen Kriterien der Weltnaturschutzorganisation IUCN. Die Abkürzungen in den Roten Listen der drei Länder bedeuten:

0 = E (extinct) = Ausgestorben
1 = CR (critically endangered) = Vom Aussterben bedroht
2 = EN (endangered) = Stark gefährdet
3 = VU (vulnerable) = Gefährdet/verletzlich
4 = NT (near threatened) = Gefährdung droht/Vorwarnliste
5 = LC (Least Concern) = Nicht gefährdet/DD = Data defizient = Mangelnde Datengrundlage.
Die Symbole bedeuten: ♀ = Weibchen, ♂ = Männchen
Die Längenmaße bezeichnen die Länge von der Schnauze bis zur Schwanzspitze

Teichmolch
Triturus (Lissotriton) vulgaris

Größe: 9–11 cm

Merkmale: ♂ oberseits mittelbraun mit runden schwarzen Flecken und von unten blassorange. In der Paarungszeit mit hohem, leicht gewelltem Hautsaum. ♀ oberseits hellbraun mit verwaschen grauen Flecken.

Verbreitung: Von West- und Mitteleuropa nördlich bis Südskandinavien, südlich bis Mittelitalien und östlich bis Sibirien.

Lebensweise: Der Teichmolch bevorzugt verkrautete Teiche und Tümpel. Er ernährt sich von Wasserinsekten, Schnecken und Würmern. Typisch ist seine Balz, bei der das Männchen eine Art Balztanz vollführt. Darauf folgt die Eiablage im März und April im Laichgewässer. Die anschließende Larvenentwicklung dauert nur 6–8 Wochen. Bereits ab Juni beginnt dann die Landphase der Teichmolche, die sie tagsüber vielfach unter Stein- und Totholzhaufen verbringen. In der Abenddämmerung und nachts gehen sie auf Nahrungssuche.

Gefährdung: Wichtige natürliche Feinde des Teichmolches sind Fischreiher, größere Fische und Wassernattern. Die Larven können auch den räuberischen Großlibellenlarven zum Opfer fallen, die umgewandelten Tiere in der Landphase verschiedenen Säugern (Igel, Wiesel, Wanderratte). Hier und dort ist die Art auch durch menschlichen Einfluss gefährdet. In Deutschland, Österreich und der Schweiz gilt die Art noch als „nicht gefährdet" (LC).

Bergmolch
Triturus (Mesotriton) alpestris

Größe: ♀ bis zu 11 cm, ♂ etwas kleiner

Merkmale: Oberseite schiefergrau-blau mit samtartiger, nicht glänzender Haut. Unterseite leuchtend orangerot. ♀ tragen oberseits ein dunkles Netzmuster, ♂ zur Laichzeit einen flachen, ungezackten Rückenkamm, der bei der Balz eine Rolle spielt.

Verbreitung: In Nordspanien, Nordfrankreich, Italien, Nordgriechenland, Österreich und der Schweiz kommt die Art nahezu flächendeckend vor, in Deutschland fehlt sie im Osten der Norddeutschen Tiefebene.

Lebensweise: Der Bergmolch ist überwiegend dämmerungs- oder nachtaktiv und verbringt den Tag an feucht-kühlen Stellen unter Steinhaufen oder in Baumstümpfen. Erst am späten Abend kommen die Tiere hervor und begeben sich auf Nahrungssuche. Das ♀ legt zur Laichzeit bis zu 400 Eier einzeln an Wasserpflanzen ab. Die sich daraus entwickelnden Larven werden bis zu 50 mm lang und gehen etwa im August an Land.

Gefährdung: Reiher und andere Wasservögel, größere Fische sowie Füchse, Marder, Igel sind die natürlichen Feinde des Bergmolches. Hier und dort werden einzelne Populationen durch Gewässerzerstörung, Schadstoff- und Düngereintrag, Fischbesatz und Straßenbau beeinträchtigt. In den Roten Listen von Deutschland und der Schweiz gilt die Art zurzeit noch als „nicht gefährdet" (LC), in Österreich steht sie auf der Vorwarnliste (NT).

Fadenmolch
Triturus (Lissotriton) helveticus

Größe: 8–9 cm

Merkmale: Oberseite lehmbraun, Unterseite hell mit wenigen Flecken, Kehle ungefleckt. ♂ tragen zur Fortpflanzungszeit ein fadenartiges Schwanzende.

Verbreitung: Verbreitungsschwerpunkt in Mitteleuropa. In Deutschland kommt die Art nur im westlichen Teil vor, in der Schweiz nur an der Alpennordseite und in Österreich gar nicht.

Lebensweise: Der Fadenmolch laicht in Teichen, Tümpeln und Wagenspuren. Die ♀ legen 300–500 Eier einzeln an Wasserpflanzen ab. Sein Landlebensraum sind unter anderem Totholzhaufen in Laub- und Mischwäldern.

Gefährdung: Die Gefährdungen und Beutegreifer des Fadenmolches sind identisch mit denen des Teichmolches. In der Roten Liste ist er bislang in Deutschland nicht aufgeführt (LC), in der Schweiz gilt er als „gefährdet".

Kammmolch
Triturus cristatus

Größe: ♂ bis zu 14 cm, ♀ bis zu 18 cm

Merkmale: Oberseite dunkelbraun mit dunklen Punkten. Unterseite gelborange mit auffällig schwarzen Flecken. Gezackter Rückenkamm der ♂ zur Laichzeit.

Verbreitung: Von Westfrankreich über ganz Mitteleuropa und Südskandinavien bis nach Westrussland. In Österreich nur im Nordwesten, in der Schweiz nur an der Alpennordseite.

Lebensweise: Lebt in Hecken, Waldrändern und Grünland. ♀ heften etwa 200 Eier einzeln an Wasserpflanzen. Nach 2–3 Wochen schlüpfen die Larven und erreichen Größen von bis zu 80 mm.

Gefährdung: Neben Beutegreifern wie Wasservögeln, großen Fischen und Ringelnattern sind die Hauptgefahren Lebensraumvernichtung, Überdüngung, Fischbesatz. Die Art ist in Österreich und der Schweiz als „stark gefährdet" (EN), in Deutschland als „gefährdet" (VU) gelistet.

Alpen-Kammmolch
Triturus carnifex

Größe: 13–15 cm

Merkmale: Oberseite graubraun mit großen dunklen Punkten. Unterseite gelb oder orange mit schwarzen unregelmäßigen Flecken. Die ♀ haben oft eine gelbe Rückenlinie.

Verbreitung: Schwerpunkt in Italien, Slowenien und Kroatien, in den österreichischen Alpen und an der Schweizer Alpensüdseite. Fehlt vermutlich in Deutschland.

Lebensweise: Ähnlich Kammmolch, allerdings auch in Gebieten oberhalb von 1.900 m.

Gefährdung: Die Gefährdungsursachen sind identisch mit denen des Kammmolches. Die Art wird in Österreich als „gefährdet" (VU) und in der Schweiz als „stark gefährdet" (EN) eingestuft. Für eventuelle ursprüngliche Bestände gilt in Deutschland vorsorglich der Schutzstatus „vom Aussterben bedroht" (CR).

Donau-Kammmolch
Triturus dobrogicus

Größe: 12–14 cm

Merkmale: Kleinste Art der Kammmolch-Gruppe mit hellbrauner Oberseite und orange oder rot gefärbter Unterseite mit symmetrisch angeordneten dunklen Flecken.

Verbreitung: Kleines Verbreitungsgebiet im Osten und Nordosten Österreichs.

Lebensweise: Donau-Kammmolche bevorzugen Stillgewässer und Gräben mit wechselndem Wasserstand in Flussniederungen und Auenlandschaften für die Eiablage. Über ihre Lebensweise ist ansonsten nur wenig bekannt. Wahrscheinlich ähnlich dem Kammmolch.

Gefährdung: Aufgrund seines eng begrenzten Verbreitungsgebietes und seiner engen Bindung an die heute vielerorts gefährdeten Auenlandschaften gilt der Donau-Kammmolch in der Roten Liste Österreichs als „stark gefährdet" (EN).

Feuersalamander
Salamandra salamandra

Größe: Bis zu 23 cm

Merkmale: Unverwechselbar schwarz mit gelben Rückenpunkten oder -linien.

Verbreitung: Weite Teile West-, Mittel-, Süd- und Südosteuropas

Lebensweise: Feuersalamander sind dämmerungs- und nachtaktiv und leben unter Totholzhaufen oder in Erdhöhlen. Ihre Nahrung besteht aus Regenwürmern, Schnecken und Gliedertieren. Sie paaren sich von etwa April bis Juli an Land. Acht Monate später setzten die ♀ etwa 3 cm lange Larven in langsam fließende Bäche ab. Bis zur Umwandlung vergehen maximal zwei Jahre.

Gefährdung: Hat wegen seines toxischen Hautsekrets kaum Feinde. Die Umwandlung von Laub- in Nadelwälder und die Gewässerverschmutzung sind Gefährdungsursachen. In Deutschland und Österreich auf der Vorwarnliste (NT), in der Schweiz gefährdet (VU).

Alpensalamander
Salamandra atra

Größe: 12–16 cm

Merkmale: Glänzend schwarz mit quer gefurchten Rumpfseiten. Kleiner als Feuersalamander.

Verbreitung: Der Alpensalamander kommt nur im Alpenraum zwischen 700 und 2.000 m Höhe vor. In Deutschland nur im äußersten Süden (bayerischer Alpenraum).

Lebensweise: Der Alpensalamander bewohnt vor allem Gebirgslandschaften mit lichten Busch- und Mischwäldern. Er ist nachtaktiv und von Gewässern unabhängig. Im Juli bringt das ♀ nach zwei- bis vierjähriger Tragzeit zwei etwa 40 mm lange voll entwickelte Junge zur Welt (S. 15).

Gefährdung: Die Art ist vor allem durch den Tourismus im Alpenraum gefährdet. Sie steht in Österreich auf der Vorwarnliste (NT) und gilt in der Schweiz als „nicht gefährdet“ (LC). In Deutschland gibt es nur ein Restvorkommen, sie ist nicht gelistet.

Grün- oder Wasserfrösche
Pelophylax-Gruppe

Zur Gruppe der Grün- oder Wasserfrösche werden der Seefrosch *Pelophylax ridibundus (Rana ridibunda)* und der Kleine Wasserfrosch *Pelopylax lessonae (Rana lessonae)* gerechnet. Der Teichfrosch *Pelophylax esculentus (Rana esculenta)* ist dagegen ursprünglich aus Kreuzungen beider Arten entstanden.

Größe: Teichfrosch bis zu 9 cm, Wasserfrosch bis zu 12 cm, Seefrosch bis zu 16 cm.

Merkmale: Robuster Frosch mit spitzer Schnauze. In der Färbung variabel gelbgrün bis braungrün, meist mit dunklen Flecken und hellem Rückstreifen.

Verbreitung: Weit. Von Frankreich im Westen bis Russland im Osten und Italien im Süden.

Lebensweise: Alle drei Formen sind stark an Gewässer gebunden und tagaktiv. Zur Laichzeit ab Mai setzen die Tiere Laichballen mit 600–4.500 Eiern, beim Seefrosch sogar bis zu 12.000 Eiern an Wasserpflanzen ab. Die Larven schlüpfen schon nach 5–8 Tagen.

Gefährdung: Alle drei Formen sind vielerorts noch recht häufig, stellenweise jedoch durch Lebensraumzerstörung, Uferausbau und Fischbesatz der Laichgewässer gefährdet. In Deutschland ist der Seefrosch „gefährdet" (VU), in Österreich sind Seefrosch und Kleiner Wasserfrosch „gefährdet" (VU) und der Teichfrosch steht auf der Vorwarnliste (NT). In der Schweiz werden Teich- und Wasserfrosch auf der Vorwarnliste (NT) geführt, während der Seefrosch dort ursprünglich nicht vorkommt.

Grasfrosch
Rana temporaria

Größe: ♀ bis zu 10 cm, ♂ etwas kleiner

Merkmale: Der Grasfrosch hat eine variable Färbung von hellbraun über rötlich braun bis olivgrün. Die Unterseite ist hell, teils hellbraun gefleckt. Eine stumpfere Schnauze unterscheidet ihn unter anderem vom Moorfrosch.

Verbreitung: Der Grasfrosch ist über weite Teile Europas verbreitet. In Deutschland, Österreich und der Schweiz kommt er beinahe flächendeckend vor, er fehlt nur im östlichsten Teil Österreichs.

Lebensweise: Grasfrösche sind stärker an das Landleben angepasst als beispielsweise Grünfrösche. Sie sind tag- und nachtaktiv. Zur Laichzeit ab Anfang Februar suchen sie kleinere und größere, stehende und langsam fließende Gewässer, Pfützen und Gräben (auch Gartenteiche) auf und setzen dort Laichballen mit bis zu 4.000 Eiern auf dem Gewässergrund ab.

Gefährdung: Grasfrösche haben eine Vielzahl von Feinden. Kaulquappen und junge Frösche werden von großen Wasserinsekten oder Fischen, größere Frösche zum Beispiel von Reihern, Störchen oder Ringelnattern erbeutet. In größerem Umfang gefährdet ist die Art aber vor allem durch menschliche Einflüsse wie Lebensraumveränderung, Straßentod, Vernichtung von Laichgewässern und Schädlingsbekämpfungsmittel. In der Roten Liste wird der Grasfrosch in Deutschland und Österreich auf der Vorwarnliste geführt (NT), in der Schweiz gilt er als „nicht gefährdet" (LC).

Moorfrosch
Rana arvalis

Größe: 5–7 cm

Merkmale: Ähnlich, aber kleiner als der Grasfrosch und mit zugespitztem Kopf. ♂ sind zur Paarungszeit oftmals himmelblau gefärbt.

Verbreitung: Mittel- und Osteuropa. In Deutschland und Österreich vor allem in den Tieflandgebieten. Kommt in der Schweiz nicht vor.

Lebensweise: Bevorzugt feuchte Lebensräume wie Moore und Feuchtwiesen. Im März/April sucht er meist in Gruppen Laichgewässer auf und setzt dort 500–3.000 Eier in dichter Vegetation ab.

Gefährdung: Moorfrösche haben Wasservögel, kleinere Säuger, Ringelnatter und Kreuzotter als Feinde. Gefährdet sind sie auch durch Trockenlegung von Feuchtgebieten. In Deutschland wird die Art als „stark gefährdet" (EN) und in Österreich als „gefährdet" (VU) geführt, in der Schweiz kommt sie nicht vor.

Springfrosch
Rana dalmatina

Größe: 6–8 cm

Merkmale: Grasfroschähnlich, aber mit zugespitzter Schnauze.

Verbreitung: Mittel und Südosteuropa. In Deutschland vorwiegend im südlichen Teil, in Österreich in den Tieflandgebieten, in der Schweiz im Norden, Südwesten und Tessin. Der recht ähnliche Italienische Springfrosch *(Rana latastei)* im Südtessin.

Lebensweise: Laub(misch)wälder mit vielen Tümpeln und Wassergräben sind sein Lebens-

raum. Heftet dort ab März Laichballen mit 450–1.800 Eiern an Wasserpflanzen.

Gefährdung: Ähnlich dem Grasfrosch. Der Springfrosch ist in Deutschland „gefährdet" (VU), in der Schweiz „stark gefährdet" (EN) und steht in Österreich auf der Vorwarnliste (NT). Der Italienische Springfrosch wird in der Schweiz ebenfalls als „stark gefährdet" (EN) geführt.

Europäischer Laubfrosch
Hyla arborea

Größe: Bis zu 5 cm

Merkmale: Kleinster einheimischer Frosch mit grasgrüner Oberseite und heller Unterseite. Die Färbung kann von blattgrün über hellgrün und gelbgrün zu grau und braun wechseln. Auch eine blaue Mutante dieser Art ist bekannt.

Verbreitung: In den meisten Ländern Mittel- und Südeuropas. In Deutschland flächendeckend, aber mit größeren Verbreitungslücken, in Österreich nur in den Tiefländern und in der Schweiz nur an der Alpennordseite. Die italienischen Laubfrösche – mit Vorkommen in der Schweiz (Tessin) – werden seit 1995 als eigene Art *(Hyla intermedia)* eingestuft.

Lebensweise: Laubfrösche bevorzugen buschreiche Landschaften mit Wiesen, Hecken und Gehölzen, auf deren Blättern sie oftmals ausgiebige Sonnenbäder nehmen. Zum Laichen dienen gut besonnte Kleingewässer, Teiche und Tümpel. Dort setzen die Tiere von April bis Juni kleine Laichballen mit jeweils 10–100 Eiern an Wasserpflanzen ab.

Gefährdung: Natürliche Feinde der Laubfrösche sind zum Beispiel Wasservögel und Ringelnattern, während die Larven auch von Libellenlarven oder von Fischen erbeutet werden. Die Art ist mittlerweile weithin gefährdet, weil ihre Laichgewässer zerstört, mit Pestiziden verunreinigt oder mit Fischen besetzt werden. In Deutschland und der Schweiz gilt die Art mittlerweile als „stark gefährdet" (EN), in Österreich als „gefährdet" (VU).

Erdkröte
Bufo bufo

Größe: ♀ bis zu 12 cm, ♂ meist deutlich kleiner

Merkmale: Große Kröte mit brauner oder graubrauner Oberseite und heller, grau gefleckter Unterseite.

Verbreitung: Weite Verbreitung in Mittel-, Süd- und Osteuropa. In Deutschland, Österreich und der Schweiz beinahe flächendeckend. Ausnahme: inneralpine Hochlagen.

Lebensweise: Erdkröten sind die größten und häufigsten Kröten im Gebiet und bewohnen eine Vielzahl unterschiedlicher Lebensräume. Sie bevorzugen Wälder als Landlebensräume, besiedeln aber auch Weinberge, Steinbrüche, Kiesgruben, Wiesen, Felder, Gärten und Parks. Die Art ist dämmerungs- und nachtaktiv. Als Laichplätze werden größere Gewässer mit permanenter Wasserführung bevorzugt. Die Weibchen setzen Laichschnüre mit bis zu 6.000 Eiern ab und befestigen sie sodann an Wasserpflanzen. Die Larven schlüpfen nach 12–18 Tagen.

Gefährdung:Viele natürliche Feinde wie Mäusebussard, Waldkauz, Iltis und Ringelnatter. Auch die Krötengoldfliege befällt viele Tiere und verursacht deren qualvollen Tod. Erdkröten sind aber vor allem durch menschliche Einflussnahme wie Zerstörung ihrer Lebensräume und stellenweise bei ihren Wanderungen auch vom Straßenverkehr bedroht (S.15). In Deutschland gilt die Erdkröte als „nicht gefährdet" (LC), in der Schweiz als „gefährdet (VU) und in Österreich steht sie auf der Vorwarnliste (NT).

Kreuzkröte
Bufo (Epidalea) calamita

Größe: 5–8 cm

Merkmale: Oberseite braun bis olivgrün marmoriert mit gelber Rückenlinie. Unterseite hell mit unregelmäßigen dunklen Flecken.

Verbreitung: West-, Mittel- und Nordosteuropa. In Österreich nur an wenigen Stellen in Niederösterreich und Tirol, in der Schweiz nur an der Alpennordseite.

Lebensweise: Pionierbesiedler vegetationsarmer, trockener Lebensräume (Sand- und Kiesgruben). Laichschnüre mit 3.000–4.000 Eiern am Boden kleiner Pfützen, Fahrspuren und andere Temporärgewässer.

Gefährdung: Hauptsächlich Verfüllen oder vorzeitiges Austrocknen der Laichgewässer, Rekultivierung von Brachen sowie Schädlingsbekämpfungsmittel. In Österreich „vom Aussterben bedroht" (CR), in der Schweiz „stark gefährdet" (EN) und in Deutschland „gefährdet" (VU).

Geburtshelferkröte
Alytes obstetricans

Größe: 4–5 cm

Merkmale: Oberseite braungelb mit dunklen Tupfen und kleinen rundlichen Warzen. Unterseite hell.

Verbreitung: Westeuropa bis Nordspanien. Fehlt in Österreich.

Lebensweise: Bewohnt sonnige Brachen, Steinbrüche, Kiesgruben, Hügel- und Bergland. Die ♀ geben ihre Eier an Land in 2–4 Schnüren ab, die die ♂ sich um die Hinterbeine wickeln und herumtragen. Die ♂ begeben sich nach Reifung der Eier in ein geeignetes Gewässer (Tümpel, Weiher), wo die Larven schlüpfen.

Gefährdung: Waldkauz, Schleiereule und Ringelnatter zählen zu den Beutegreifern. Die Art ist auch durch den Verlust von Laichgewässern oder deren Fischbesatz gefährdet. Nach der Roten Liste ist sie in Deutschland „gefährdet" (VU) und in der Schweiz „stark gefährdet" (EN).

Knoblauchkröte
Pelobates fuscus

Größe: 5–8 cm

Merkmale: Krötenähnlich, aber glatte Haut. Oberseite hellbraun mit olivbraunen bis rötlichen Flecken. Grabschaufeln an den Hinterbeinen.

Verbreitung: Hauptsächlich in den Tiefländern Mittel- und Osteuropas. In der Schweiz wahrscheinlich ausgestorben.

Lebensweise: Die Art bevorzugt Brachland und Kiesgruben mit lockeren Böden. Als Laichplätze suchen die Tiere vegetationsreiche Weiher und Wiesengräben auf. Sie legen Laichschnüre mit bis zu 3.400 Eiern ab. Die Kaulquappen erreichen Größen bis zu 120 mm.

Gefährdung: Beutegreifer sind Waldkäuze, Wildschweine, Wasservögel. Vernichtung von Laichgewässern, Einsatz von Schädlingsbekämpfungsmitteln sowie Fischbesatz sind die Hauptgefährdungen. In Deutschland und Österreich „stark gefährdet" (EN).

Wechselkröte
Bufo (Pseudepidalea) viridis

Größe: ♀ bis zu 9 cm, ♂ bis zu 8 cm

Merkmale: Oberseite beige oder grünlich mit unregelmäßigen grünen Flecken, die beim ♀ kontrastreicher und dunkler sind als beim ♂.

Verbreitung: Kontinentales Ost- und Südosteuropa. In der Schweiz inzwischen ausgestorben.

Lebensweise: Wechselkröten bevorzugen trockenwarme Lebensräume mit spärlicher Vegetation und grabfähigen Böden. Sie legen ihre 2.000–15.000 Eier ab Mai in 2–5 m langen Laichschnüren in vegetationslose Kleingewässer.

Gefährdung: Natürliche Feinde der Wechselkröte sind verschiedene Wasservogelarten, Ringelnatter und eingesetzte Fische. Lebensraumvernichtung und Rekultivierung von Brachland gefährden die Art. Nach der Roten Liste gilt die Art in Deutschland als „stark gefährdet" (EN), in Österreich als „gefährdet" (VU).

Gelbbauchunke
Bombina variegata

Größe: 4–5 cm

Merkmale: Krötenähnlich, aber kleiner. Oberseite lehmgrau oder oliv mit rauen Warzen. Unterseite gelb mit schwarzen Flecken (S. 17). Pupille herzförmig.

Verbreitung: Große Teile Mittel- und Südosteuropas, jedoch nicht in höheren Lagen.

Lebensweise: Die Gelbbauchunke kommt oftmals in Kiesgruben und Steinbrüchen vor. Dort laicht sie in weitgehend vegetationslosen Pfützen und Tümpeln. Sie heftet ihre Laichklümpchen mit 2–20 Eiern an Wasserpflanzen. Die Entwicklungszeit bis hin zur Metamorphose kann in 4–6 Wochen abgeschlossen sein.

Gefährdung: Die Gelbbauchunke ist vor allem durch Lebensraumzerstörung und Verfüllung der Laichgewässer gefährdet. In Deutschland und der Schweiz wird die Art als „stark gefährdet" (EN), in Österreich als „gefährdet" (VU) geführt.

Rotbauchunke
Bombina bombina

Größe: 4–5 cm

Merkmale: Krötenähnlich, aber kleiner. Oberseite dunkelgrau mit warzenähnlichen Höckerchen, Unterseite mit orange-rötlichen Flecken (S. 17). Pupille herzförmig

Verbreitung: Ost- und Mitteleuropa von Dänemark im Norden bis Bulgarien im Süden. Fehlt in der Schweiz.

Lebensweise: Die Rotbauchunke bewohnt Wiesen und Überschwemmungsgebiete mit sonnigen Flachgewässern. ♂ bilden zur Laichzeit kleine Reviere. ♀ legen Laichballen mit bis zu 300 Eiern an Wasserpflanzen ab. Die Larven erreichen Endgrößen von bis zu 55 m.

Gefährdung: Wasserspitzmäuse und Vögel gehören zu den Beutegreifern. Vernichtung von Laichgewässern und Fischbesatz gefährden die Art. In Deutschland „vom Aussterben bedroht" (CR), in Österreich „gefährdet" (VU).

Ochsenfrosch

Rana catesbeiana
(Lithobates catesbeianus)

Größe: ♀ bis zu 18 cm, ♂ bis zu 20 cm

Merkmale: Der Ochsenfrosch ist die größte Froschart im Gebiet. Oberseite olivgrün bis braun mit unregelmäßigen dunklen Flecken, Bauch schmutzig weiß, oft gefleckt oder marmoriert.

Verbreitung: Die Art stammt ursprünglich aus dem östlichen und mittleren Nordamerika. Ausgesetzte Ochsenfrösche sind mittlerweile in Deutschland, Österreich, der Schweiz und darüber hinaus verbreitet. Die Ausbreitung der Art in Europa wird dadurch gefördert, dass der Zoohandel manchmal Kaulquappen für den heimischen Gartenteich anbietet, von wo die erwachsenen Tiere dann abwandern.

Lebensweise: Ochsenfrösche bevorzugen größere, pflanzenreiche Stillgewässer, wo sie ab April aktiv werden. Während der Paarungszeit im Juni legt das ♀ bis zu 25.000 Eier ab. Die Jungtiere überwintern vermutlich an Land. Ochsenfrösche ernähren sich hauptsächlich von Wirbellosen sowie Eidechsen, Teichfröschen, Mäusen und Vogelküken.

Gefährdung: Von einer Gefährdung kann bei den Ochsenfröschen keine Rede sein. Sie selbst gefährden dagegen hier und dort die heimischen Amphibienbestände. Sie sind dabei keine Beutegreifer gegenüber anderen Amphibien. Neuere Untersuchungen zeigen, dass die bis zu 15 cm großen Larven entwicklungshemmende Stoffe ins Wasser abgeben, wodurch möglicherweise zum Beispiel die Larven der Wasserfrösche vor ihrer Umwandlung zugrunde gehen.

Europäische Sumpfschildkröte
Emys orbicularis

Größe: Panzerlänge bis zu 20 cm, südeuropäische Exemplare bis zu 30 cm

Merkmale: Flacher dunkelbrauner bis schwarzer Rückenpanzer mit gelblicher Punkt- und Streifenzeichnung. Bauchpanzer variabel gefärbt: von einheitlich gelb über hornfarbig gefleckt bis völlig schwarz.

Verbreitung: Weite Verbreitung von Nordafrika im Südwesten über Südeuropa bis an den Aralsee im Nordosten (S. 15).

Lebensweise: Die Europäische Sumpfschildkröte ist die einzige Schildkrötenart, die in Europa natürlich nördlich der Alpen vorkommt. Die Art ist in Deutschland, Österreich und der Schweiz nur noch kleinräumig verbreitet. Sie ist tagaktiv und sonnt sich meist in Gesellschaft von Artgenossen auf Steinen oder Holzstämmen am Ufer, taucht aber bei Störungen sofort ab. Sie ernährt sich von Würmern, Schnecken, Amphibien (-larven), kleinen Fischen und Aas. Nach der Paarungszeit im Mai legt das ♀ 5–15 Eier in selbst gegrabene Bodenmulden, aus denen nach etwa 60–80 Tagen die nur 2–3 cm großen Jungen schlüpfen.

Gefährdung: Jungtiere sind gelegentlich durch Beutegreifer wie Wasservögel und Kleinsäuger gefährdet. Gewässerausbau, Wasserverschmutzung sowie illegaler Fang und Tierhandel sind die Hauptursachen ihrer Gefährdung. Die Art gilt in Deutschland, Österreich und der Schweiz als „vom Aussterben bedroht" (CR).

Zauneidechse
Lacerta agilis

Größe: Maximale Länge bis zu 25 cm

Merkmale: Braune Grundfärbung mit dunklem Fleckenmuster beim ♀ und grüne Seitenstreifen mit heller Unterseite beim erwachsenen ♂.

Verbreitung: Die Art hat eine weite Verbreitung in Mitteleuropa von Dänemark und Südschweden im Norden bis zu den Pyrenäen im Westen und Nordwestchina im Osten. Sie fehlt in Italien sowie in Südwest-Frankreich.

Lebensweise: Zauneidechsen sind tagaktiv. Sie sonnen sich vor allem am späten Vormittag auf vegetationsfreien Flächen (Steine, Holzstapel, Kahlstellen), aber stets in der Nähe von Deckung bietenden Pflanzen. Ihre Nahrung besteht aus vielerlei Insekten, Spinnen und Würmern. Nach der Winterruhe kommt es im März/April zu ausgeprägten Revierkämpfen der ♂. Sie paaren sich mit mehreren ♀, die im Mai und Juni 8–15 Eier in selbst gegrabene, sonnenexponierte Erdlöcher legen. Je nach Temperatur schlüpfen die Jungen nach 30–60 Tagen.

Gefährdung: Unter den Feinden der Zauneidechse sind Schlingnattern, Greifvögel und Rabenvögel. Die Hauptbedrohung für Zauneidechsenbestände geht jedoch vom Menschen aus, der ihre Lebensräume vernichtet und die Tiere durch Landschaftspflegemaßnahmen voneinander isoliert. Die Zauneidechse gilt in Deutschland und der Schweiz als „gefährdet" (VU) und steht in Österreich auf der Vorwarnliste (NT).

Westliche Smaragdeidechse
Lacerta bilineata

Größe: Bis zu 40 cm

Merkmale: ♂ oberseits grün mit kleinen schwarzen Sprenkeln, ♀ oftmals mit Reihen dunkler Zeichnungsmuster.

Verbreitung: Nordspanien, Frankreich, Italien nördlich bis zur Schweiz. Kleine Restvorkommen in Südwest-Deutschland. Fehlt in Österreich.

Lebensweise: Die Westliche Smaragdeidechse bevorzugt sonnige Hänge, trockene Waldränder, Weinberge. Nach dem Winter verteidigen die ♂ ein Revier und paaren sich im Mai. Die ♀ legen 6–23 Eier in selbst gegrabene Erdhöhlen. Die Jungen schlüpfen nach 70–100 Tagen.

Gefährdung: Gehören zur Beute von Schlingnattern, Greifvögeln, Igeln und Füchsen. Biotopzerstörung, Lebensraumisolierung, Pestizideinsatz und Straßenbau sind die Hauptgefährdungen. In Deutschland gelten sie als „vom Aussterben bedroht" (CR), in der Schweiz als „gefährdet" (VU).

Östliche Smaragdeidechse
Lacerta viridis

Größe: Bis zu 40 cm

Merkmale: Der westlichen Schwesternart sehr ähnlich. Die beiden Arten sind vor allem an genetischen Merkmalen zu unterscheiden.

Verbreitung: Von Österreich über Slowenien und die Balkanhalbinsel bis in die Ukraine und die Türkei. In Deutschland nur noch kleine isolierte Vorkommen in Brandenburg und an den Donauhängen bei Passau. Fehlt in der Schweiz.

Lebensweise: Lebensraum, Nahrung, Paarung, Eiablage und Entwicklung der Jungtiere gleichen im Wesentlichen denen der Westlichen Smaragdeidechse.

Gefährdung: Beutegreifer und Gefährdungsursachen gleichen denen der Westlichen Smaragdeidechse. Nach den Roten Listen gilt die Art in Deutschland als „vom Aussterben bedroht" (CR) und in Österreich als „stark gefährdet" (EN).

Waldeidechse
Zootoca vivipara

Größe: 14–16 cm

Merkmale: Variabel gefärbte Art. Grundfärbung auf der Oberseite hell- bis dunkelbraun mit variablen dunklen Flecken und zwei hellen Seitenlinien. Auf der Unterseite beim ♂ gelblich bis orange mit feinen schwarzen Flecken, die beim ♀ fehlen oder nur im hinteren Bereich auftreten.

Verbreitung: Weite Verbreitung in Europa und Nord-Asien mit nördlichster Verbreitung aller europäischen Reptilienarten (bis zum 70. Breitengrad). Von Irland im Westen bis zu den Inseln Sachalin und Hokkaido im Osten und zur Eismeerküste und Barent-See im Norden.

Lebensweise: Waldeidechsen bevorzugen als Lebensraum Waldränder, Abhänge und Böschungen mit dichter Bodenvegetation, hier und dort auch Bachränder, feuchte Wiesen und Ruderalflächen. Die tagaktive Eidechse paart sich im Mai/Juni und die ♀ setzen etwa drei Monate später 5–8 voll entwickelte Jungtiere ab (S. 25).

Gefährdung: Greif- und Rabenvögel, Kreuzottern und Schlingnattern – bei den Jungtieren auch Amseln – zählen zu den natürlichen Feinden. Die menschlichen Eingriffe wie Flurbereinigung und Trockenlegung von Feuchtwiesen sowie das Waldsterben drängen diese noch relativ häufige europäische Eidechse immer weiter zurück. In den Roten Listen von Deutschland und der Schweiz ist die Art allerdings (noch) nicht gelistet (LC), in Österreich steht sie auf der Vorwarnliste (NT).

Mauereidechse
Podarcis muralis

Größe: Bis zu 20 cm

Merkmale: Zierliche, schlanke Eidechse. Grundfärbung beim ♀ graubraun mit dunkelbraunem Band an den Köperseiten, ♂ oberseits mit flecken- oder netzartiger Zeichnung. Unterseite gelblich bis ziegelrot mit dunklen Punkten.

Verbreitung: Weite Verbreitung in Mittel-, Südeuropa und Kleinasien. In Deutschland, Österreich und der Schweiz nur inselartige Vorkommen sowie inzwischen zahlreiche gebietsfremde angesiedelte Populationen.

Lebensweise: Felsige Hänge, sonnige Steinbrüche und Trockenmauern in Weinbergen sind der Lebensraum der Mauereidechsen. Dort suchen sie Insekten, Spinnen und Würmer als Nahrung. Die Tiere bilden Reviere, die ♂ liefern sich Verfolgungsjagden und Beißkämpfe. Nach der Paarung legt das ♀ bis zu 10 Eier in selbst gegrabene Erdgänge oder in Spalten von Trockenmauern. Dort schlüpfen die Jungen nach etwa 6–10 Wochen.

Gefährdung: Schlingnattern zählen mancherorts zu den Hauptbeutegreifern der Mauereidechse, hier und dort auch streunende Katzen. Bedroht werden die Bestände aber vor allem durch die Flurbereinigung in den Weinbergen und durch den Einsatz von Pestiziden. In der Roten Liste Deutschlands und Österreichs ist die Art als „stark gefährdet" (EN) und in der Schweiz als „nicht gefährdet" (LC) aufgelistet.

Kroatische Gebirgseidechse
Iberolacerta horvati

Größe: Bis zu 20 cm

Merkmale: Schlanke Eidechse mit langem Schwanz, der die doppelte Kopf-Rumpf-Länge erreicht. Grundfärbung grau bis grünlich mit dunkler Flankenfärbung und heller Unterseite.

Verbreitung: Relativ kleines Verbreitungsgebiet in Kroatien, Slowenien und Österreich. Nördlichste Verbreitung im äußersten Süden Deutschlands.

Lebensweise: Die Kroatische Gebirgseidechse bewohnt feucht-kühle und felsige Lebensräume, meist oberhalb von 700 m. Die Aktivitätszeit liegt etwa zwischen Mai und Oktober. Die Art ist offenbar nicht territorial und die ♀ nutzen gemeinsame Eiablageplätze. Das Gelege besteht aus 3–5 Eiern, aus denen nach etwa 6–8 Wochen die Jungen schlüpfen.

Gefährdung: Über diese erst 1989 entdeckte Art und ihre Gefährdung ist erst wenig bekannt. Sie wird in Österreich als „gefährdet" (VU) eingestuft, während in Deutschland die Datenlage noch unzureichend ist (DD).

Blindschleiche
Anguis fragilis

Größe: Bis maximal 50 cm

Merkmale: Glänzende, beinlose Echse mit graubrauner bis kupferbrauner Grundfärbung. ♀ meist einfarbig hellbraun, ♂ mit dunklen Flanken und Mittelstrich auf dem Rücken.

Verbreitung: In Europa weit und vielfach auch flächendeckend verbreitet. Lücken in Verbreitungskarten deuten mehr auf fehlende Nachweise als auf das Fehlen der Art hin.

Lebensweise: Blindschleichen bewohnen dicht bewachsenes Gelände mit Sonnenplätzen, oftmals Waldränder, Böschungen und Bahndämme. Zum Nahrungsspektrum gehören vor allem Nacktschnecken und Regenwürmer. Zur Paarungszeit liefern sich die Männchen Kommentkämpfe. Bei der Paarung verbeißt sich das ♂ im Nacken des ♀. Die etwa 6–12 Jungen entwickeln sich im Körper des ♀ und werden nach einer Tragzeit von 11–13 Wochen in dünnen, transparenten Eihäuten geboren, aus denen sie sich selbst befreien.

Gefährdung und Schutz: Blindschleichen haben zahlreiche Feinde, wie Greif- und Rabenvögel, Marder, Fuchs und streunende Hauskatzen. Jungtiere werden auch von Amseln und Maulwürfen erbeutet. Blindschleichen können die Schwanzspitze abstoßen, um einer Verfolgung zu entgehen. Lebensraumzerstörung und -zerstückelung führen hier und dort zu einem Rückgang. In Deutschland und der Schweiz ist die Art noch nicht gefährdet (LC), in Österreich steht sie auf der Vorwarnliste (NT).

Schling- oder Glattnatter
Coronella austriaca

Größe: 60–70 cm

Merkmale: Kleine, ungiftige Schlange mit grauer oder brauner Grundfärbung und dunklen, paarig angeordneten Flecken.

Verbreitung: Von Norwegen und Schweden südlich bis Nord-Portugal und östlich bis zum nördlichen Kleinasien und dem Kaukasus.

Lebensweise: Tagaktive Schlange, die in sonnigem Gelände, auf Trockenrasen und an Trockenmauern in Weinbergen anzutreffen ist. Sie verlässt im März ihr Winterquartier, paart sich im April/Mai und setzt ab August 3–15 voll entwickelte, etwa 15 cm lange Jungtiere ab.

Gefährdung und Schutz: Die Schlingnatter ist vor allem durch Flurbereinigung und Pestizideinsatz in den Weinbergen bedroht. In der Roten Liste wird sie in Deutschland als „stark gefährdet" (EN), in Österreich und der Schweiz als „gefährdet" (VU) geführt.

Äskulapnatter
Zamenis (Elaphe) longissima

Größe: Bis zu 180 cm

Merkmale: Große, schlanke Schlange mit olivbrauner Grundfärbung. Ungiftig.

Verbreitung: Von Nordost-Spanien und Frankreich östlich bis zum Balkan und Nordiran. Nördliche Arealgrenze in Deutschland.

Lebensweise: Wärmebedürftig, verlässt Winterquartier erst Anfang Mai. Bevorzugt Weinbaugebiete mit Trockenmauern. Paarungszeit Mai/Juni. Die ♀ legen 5–8 Eier in Laubhaufen, die zur Entwicklung etwa 6–8 Wochen benötigen.

Gefährdung und Schutz: Neben Beutegreifern, wie Mardern und Greifvögeln, ist die Natter durch Flurbereinigungen sowie Pestizideinsatz stark gefährdet. In Deutschland gilt sie als „vom Aussterben bedroht" (CR), in der Schweiz als „stark gefährdet" (EN) und in Österreich steht sie auf der Vorwarnliste (NT).

Ringelnatter
Natrix natrix

Größe: ♀ 70–90 cm, ♂ bis zu 110 cm

Merkmale: Kräftige, ungiftige Wassernatter. Graue Grundfärbung mit dunklen Flecken oder Bänderung. Unterseite gelblich, gelbe oder orange Seitenflecken am Hinterkopf. Die Barrenringelnatter *(Natrix natrix helvetica)* wird größer und ist gekennzeichnet durch schwarze Streifen (Barren), die sich vom Bauch bis zum Rücken ziehen.

Verbreitung: Von Nordwestafrika und der Iberischen Halbinsel bis nach Skandinavien und nordöstlich bis zum Baikalsee in Asien.

Lebensweise: Noch recht häufige Schlange an Seen, Teichen, Tümpeln und in Feuchtgebieten. Sie ernährt sich von Lurchen, Fröschen und Fischen. Das ♀ legt bereits im März/April 10–25 Eier in Laub- oder Komposthaufen, wo die 15–20 cm großen Jungen nach 4–8 Wochen schlüpfen. Zur Feindabwehr stellt sie sich tot.

Gefährdung und Schutz: Greifvögel, Reiher, Störche, Marder und Füchse sind die natürlichen Feinde der Ringelnatter. Trockenlegung von Feuchtgebieten, Vernichtung von Kleingewässern, Uferzerstörung, Pestizideinsatz und Tourismus sind die vom Menschen ausgehenden Gefährdungsursachen. In Deutschland gilt die Ringelnatter als „gefährdet" (VU), in Österreich steht die Nominatform *(Natrix natrix natrix)* auf der Vorwarnliste (NT), die Barrenringelnatter wird als „gefährdet" (VU) geführt. In der Schweiz gilt die Nominatform als „stark gefährdet" und die Barrenringelnatter als „gefährdet" (VU).

Würfelnatter
Natrix tessellata

Größe: 75–80 cm, in Südeuropa bis zu 100 cm

Merkmale: Große, schlanke und ungiftige Wassernatter mit graubrauner Grundfärbung, dunklen, zu Längsreihen angeordneten Rückenflecken und heller Unterseite mit schwarzen, würfelförmigen Flecken.

Verbreitung: Weite Verbreitung in Mittel- und Südeuropa, Kleinasien bis Westchina und Nord-Indien. In Deutschland finden sich nur noch kleine, isolierte Populationen an den Rhein-Nebenflüssen Lahn, Mosel und Nahe in Rheinland-Pfalz.

Lebensweise: Noch mehr als die Ringelnatter ist die Würfelnatter an vegetationsreiche Flüsse und naturnahe Seen gebunden, wo sich die wärmeliebende Art auf Schilfinseln und auf überhängenden Zweigen tagsüber ausgiebig sonnt. Sie ernährt sich dort überwiegend von Fischen, Fröschen und Molchen. Nach der Paarung legt das ♀ im Mai/Juni bis zu 25 Eier unter verrottendem Pflanzenmaterial. Die etwa 22 cm langen Jungen schlüpfen im August und sind sofort selbstständig.

Gefährdung und Schutz: Beutegreifer der Würfelnatter sind Reiher, Greifvögel, Marder und auch größere Wasservögel. Die Art ist vor allem durch Gewässerverschmutzung, Tourismus mit Bade- und Surfbetrieb sowie Uferverbauung bedroht. In Deutschland gilt sie als „vom Aussterben bedroht“ (CR), in Österreich und der Schweiz als „stark gefährdet“ (EN).

Vipernatter
Natrix maura

Größe: 70–80 cm, selten bis zu 90 cm

Merkmale: Kontrastreich gefärbte, ungiftige Natter mit unregelmäßig dunkler Fleckenzeichnung, oft als Zickzackband.

Verbreitung: Südwest-Europa. In Mitteleuropa kommt sie nur in der südwestlichen Schweiz vor (Genfer See).

Lebensweise: Die Vipernatter lebt bevorzugt an Gewässern. Ihre Winterruhe verbringt sie an frostfreien Stellen an Land. Als Nahrung dienen ihr Frösche und kleine Fische. Nach der Paarung im April/Mai legt das ♀ 4–20 Eier, aus denen nach etwa 40–45 Tagen die Jungtiere schlüpfen.

Gefährdung und Schutz: Neben den natürlichen Feinden wie Fischotter, Iltis, Storch und Graureiher, ist sie besonders durch Gewässerverschmutzung und Gewässerausbau gefährdet. In der Schweiz gilt sie als „vom Aussterben bedroht" (CR).

Gelbgrüne Zornnatter
Coluber (Hierophis) viridiflavus

Größe: Bis etwa 150 cm

Merkmale: Große, schlanke Natter mit dunkler Grundfärbung und orangegelber Fleckenzeichnung. Ungiftig.

Verbreitung: Von der Iberischen Halbinsel über Frankreich und Italien bis Slowenien. Nördlichstes Vorkommen in der Schweiz.

Lebensweise: Die sonnenliebenden Zornnattern bevorzugen verbuschte Trockenhänge und Weinberge mit Trockenmauern. Nach der Paarung legt das ♀ bis zu 15 Eier unter Baumstümpfen oder Steinhaufen, wo sie sich in 6–8 Wochen zu etwa 25 cm langen Jungschlangen entwickeln.

Gefährdung: Beutegreifer sind Raben- und Greifvögel, Marder und wildernde Hauskatzen. Bedroht ist sie vor allem durch Lebensraumvernichtung, Intensivierung der Landwirtschaft und Einsatz von Pestiziden. In der Schweiz gilt die Art als „stark gefährdet" (EN).

Kreuzotter
Vipera berus

Größe: 50–60 cm, ♀ in seltenen Fällen bis zu 80 cm

Merkmale: Relativ kleine Giftschlange mit ovalem, wenig abgesetztem Kopf. Grundfärbung beim ♂ grau mit schwarzem Zickzackband, beim ♀ braun mit dunkelbrauner Zeichnung. Giftig. Nach einem Kreuzotterbiss soll unbedingt ein Arzt aufgesucht werden.

Verbreitung: Weite Verbreitung in Europa und Asien. In Deutschland, Österreich und der Schweiz außer in Höhenlagen mit über 2.300 m beinahe flächendeckend verbreitet in geeigneten Lebensräumen, die aber immer weniger werden.

Lebensweise: Die Kreuzotter bewohnt vor allem Heide- und Moorgebiete, sonnige Waldränder, feuchte Wiesen und Auen. Zur Paarungszeit liefern sich die ♂ zunächst ritualisierte Kommentkämpfe. Nach der Paarung im Mai bringen die Weibchen im September und Oktober 4–12 lebende Junge zur Welt.

Gefährdung: Kreuzottern haben kaum natürliche Feinde außer einigen Greifvögeln – bei den Jungtieren auch Rabenvögeln. Die Trockenlegung von Wiesen und Mooren sowie die direkte Verfolgung und Tötung durch den Menschen haben in den letzten zwei Jahrzehnten allerdings zu dramatischen Bestandseinbrüchen geführt, sodass die Kreuzotter heute durchweg bedroht ist. In Deutschland und der Schweiz wird sie als „stark gefährdet" (EN), in Österreich als „gefährdet" (VU) eingestuft.

Aspisviper
Vipera aspis

Größe: ♂ bis zu 85 cm, ♀ meist etwas kleiner

Merkmale: Gedrungener Körper, Kopf kantig, deutlich abgesetzt. Oberseite grau bis rotbraun mit dunkler Querbänderung. Giftig. Bei Biss unbedingt einen Arzt aufsuchen.

Verbreitung: Von Nordost-Spanien und Italien nördlich bis zur Schweiz und Süddeutschland. Fehlt in Österreich.

Lebensweise: Wärmeliebend. Gift kann auch für den Menschen gefährlich sein. Überwintert in Nagerbauten. Hauptsächliche Nahrung Kleinsäuger. Paarung: April/Mai, ab August werden 4–8 Jungtiere lebend geboren.

Gefährdung und Schutz: Junge durch Vögel gefährdet, die Art durch Lebensraumzerstörung und Isolation der Populationen. In Deutschland „vom Aussterben bedroht" (CR), in der Schweiz – je nach Unterart – „potenziell bedroht" (NT), „gefährdet" (EN), „vom Aussterben bedroht" (CR).

Sand- oder Hornotter
Vipera ammodytes

Größe: ♂ bis zu 100 cm, ♀ meist kleiner

Merkmale: Robuste Viper mit Zickzack- oder Rautenband auf dem Rücken und auffälligem Horn auf der Schnauze. Giftig. Bei Biss unbedingt einen Arzt aufsuchen.

Verbreitung: Südosteuropäische Art mit nördlichster Verbreitung in Österreich.

Lebensweise: Tag- und dämmerungsaktive, auch für den Menschen gefährliche Giftschlange. Sie überwintert in Nagetierbauten und an anderen frostfreien Stellen. Ihre Nahrung besteht aus Kleinsäugern, Eidechsen und Vögeln. Die Paarung erfolgt im Frühjahr, zwischen August und Oktober werden 4–20 Jungtiere lebend geboren.

Gefährdung und Schutz: Hornottern sind durch direkte Verfolgung durch den Menschen und Lebensraumzerstörung, Jungtiere durch andere Reptilien, Greif- und Rabenvögel gefährdet. In Österreich gilt sie als „vom Aussterben bedroht" (CR).

Wiesen- oder Spitzkopfotter
Vipera (Acridophaga) ursinii

Größe: Etwa 50 cm

Merkmale: Graubraune Grundfärbung mit dunkler Zickzack-Zeichnung. Kleinste Viper Europas. Giftig, nach dem Biss sollte unbedingt ein Arzt aufgesucht werden.

Verbreitung: Osteuropa und Mittelasien, aber auch in Südfrankreich und Mittelitalien. Die seit Anfang der 1970er-Jahre verschollene Restpopulation in Österreich gehörte zur Unterart *Vipera ursinii rakosiensis*.

Lebensweise: Die Wiesenotter bewohnt offene Steppen- und Graslandschaften. Als Nahrung dienen ihr größere Insekten, kleinere Säuger und Eidechsen. Die Aktivitätszeit liegt zwischen März und September. Über ihr Paarungsverhalten ist kaum etwas bekannt. Wie alle Vipern ist sie lebendgebärend (ovovivipar, S. 8).

Gefährdung und Schutz: Die Wiesenotter ist durch direkte Verfolgung und Lebensraumzerstörung stark gefährdet. In Österreich wird sie – wenn überhaupt noch Restbestände vorhanden sind – als „vom Aussterben bedroht" (CR) eingestuft. Im benachbarten Ungarn wird seit einigen Jahren ein Arterhaltungsprogramm für die Viper betrieben. Es soll die dortigen Restbestände systematisch erfassen, geeignete Lebensräume erhalten und die Bevölkerung über die Art informieren. Seit 2004 existiert südlich von Budapest auch ein Zuchtzentrum, das bis 2009 bereits so viele Jungschlangen gezüchtet hatte wie die geschätzte Freilandpopulation umfasst, nämlich rund 500 Tiere.

Nützliche Adressen & Internetlinks

Amphibienarche: www.amphibianark.org

ANU, Arbeitsgemeinschaft Natur- und Umweltbildung – Bundesverband e. V., Philipp-August-Schleißner-Weg 2, D-63452 Hanau, E-mail: bundesverband@anu.de

BUND, Bund für Umwelt und Naturschutz Deutschland e. V., Bundesgeschäftsstelle, Am Köllnischen Park 1, D-10179 Berlin, E-Mail: bund@bund.net

DGHT, Deutsche Gesellschaft für Herpetologie und Terrarienkunde e. V., Geschäftsstelle, Postfach 14 21, D-53351 Rheinbach, E-Mail: mendt@dght.de

KARCH, Koordinationsstelle für Amphibien- und Reptilienschutz in der Schweiz, Passage Maximilien-de-Meuron 6, CH-2000 Neuchátel, E-Mail: info@karch.ch

NABU, Naturschutzbund Deutschland e. V., Bundesgeschäftsstelle, Charitéstr. 3, D-10117 Berlin, E-Mail: NABU@NABU.de

NAJU, Naturschutzjugend, Charitéstr. 3, D-10117 Berlin, E-Mail: NAJU@NAJU.de

ÖGH, Österreichische Gesellschaft für Herpetologie e.V., Naturhistorisches Museum Wien, Burgring 7, Postfach 417, A-1010 Wien, E-Mail: oegh-office@nhm-wien.ac.at

Stiftung Artenschutz, Sentruper Str. 315, D-48161 Münster, E-Mail: office@stiftung-artenschutz.de

WAZA, World Assoziation of Zoos and Aquariums, Lindenrain 3, CH-3012 Bern, Schweiz, E-Mail: secretariat@waza.org

Produkte & Geräte

Bioform Entomologiebedarf, Wielandstr. 37, D-90419 Nürnberg, E-Mail: info@bioform.de (Kescher, Lupen, Mikroskope)

Büro für Ökologie, Manfred Henf, Talstr. 85b, 40822 Mettmann, E-Mail: m.henf@freenet.de (Gutachten, Molchreusen, Amphibienschutzzäune)

Fiebig Lehrmittel, Langenscheidstr. 10, D-10827 Berlin, E-Mail: fiebig-lehrmittel@t-online.de (Lupen, Mikroskope, Becherlupen)

Schwegler Vogel- und Naturschutzprodukte GmbH, Heinkelstr. 35, 73614 Schorndorf, E-Mail: info@schwegler-natur.de (Amphibienleiteinrichtungen, Nistkästen, Fledermauskästen, Insektenkästen u.v.a.m.)

Lesetipps

Zum Weiterlesen

Engelhardt, W. & Rehfeld, K. & Martin, P.: Was lebt in Tümpel, Bach und Weiher? KOSMOS, Stuttgart 2008.

Glandt, D.: Heimische Amphibien: Bestimmen – Beobachten – Schützen. Aula-Verlag, Wiebelsheim 2008.

Gruber, U.: Die Schlangen Europas und rund ums Mittelmeer. KOSMOS, Stuttgart 2009.

Günther, R: Die Amphibien und Reptilien Deutschlands, Gustav Fischer Verlag, Jena 1996.

Hecker, F. & K.: Was lebt in Bach und Teich? KOSMOS, Stuttgart 2009.

Kwet, A.: Reptilien und Amphibien Europas. KOSMOS, Stuttgart 2005.

Nöllert, A. & C.: Die Amphibien Europas. KOSMOS, Stuttgart 1992.

Für kleine und große Naturentdecker

Dieckmann, R.: Haste mal 'n paar Kröten?! Amphibien in Gefahr. Eine Ausstellung und Kampagne im Kölner Zoo, Zeitschrift des Kölner Zoos 51 2008, S. 115–127.

Furrer, S. C.: Das Schweigen der Frösche – Amphibien in Gefahr. Wie der Zoo Zürich seine Besucher über die Amphibienkrise informiert, Bern 2007, S. 122–123.

Lantermann, W. & Y.: Vögel im Naturgarten, Cadmos-Verlag, Brunsbek 2008.

Naturschutzbund Deutschland (Hrsg.): Frösche, Kröten, Molche – Verwandlungskünstler zwischen Wasser und Land, Berlin 2008.

Oberholzer, A. & Lässer L.: Ein Garten für Tiere – Erlebnisraum Naturgarten, Ulmer-Verlag, Stuttgart 1997.

Van der Straeten, K. & Karbe, D.: Aufbau einer Ausstellung mit einheimischen Amphibien im Kölner Aquarium, Zeitschrift des Kölner Zoos 51 2008, S. 105–113.

Quellen

Dellai-Schöi: Vielfältige Gründe für das weltweite Amphibiensterben, Neue Zürcher Zeitung, 15. August 2007.

Heckmair, B. & Michl, W.: Erleben und Lernen – Einführung in die Erlebnispädagogik. Verlag E. Reinhardt, München 2008.

Kiesecker, J. M. & Blaustein, A. R. & Belden, L. K. Complex causes of amphibian population declines, Nature 410: 2001, S. 681–884.

Myers, C. W. & Daly, J. W.: Pfeilgiftfrösche, Spektrum der Wissenschaft 4 1983: S. 34–43.

Pounds, A. J.: Climate and amphibian declines, Nature 410 2001: S. 639–640.

Register

Unser Dank …

gilt allen Menschen, die zur Entstehung dieses Buches und zur Verbesserung seines Textes und der Bildausstattung beigetragen haben: vor allem unseren Lektorinnen Frau Julia Grimm und Frau Alke Rockmann sowie Herrn Dr. Axel Kwet, Staatliches Museum für Naturkunde Stuttgart, Herrn Dr. Samuel Furrer, Zoo Zürich, dem Maximilianpark in Hamm, Herrn Tamás Péchy (Hungarian Meadow Viper Program), Herrn W. Spieß vom Kölner Zoo sowie Kerstin Grunewald, Oberhausen (für die Bereitstellung von Fotos). Herr Dieter Ihrig (Darmstadt) gestattete Fotos der von ihm gehaltenen Tiere in seiner großen Freianlage, die NABU-Gruppe Dinslaken verhalf uns zu Fotos von der Erdkrötenwanderung. Einige unserer Fotos sind nicht im Freiland, sondern im Terra-Zoo in Rheinberg entstanden. Frau Britta Dohr (Oberhausen) schließlich hat unsere gemeindeinterne Amphibienausstellung mit großem Engagement mitgeplant und begleitet. Ihnen allen gilt ein herzlicher Dank.

Bildnachweis

Mit 117 Farbfotos. 89 Fotos von Werner Lantermann, die restlichen von: 1 Foto von Samuel Furrer (S. 56), 1 Bild Kugler/NABU-Dinslaken (S. 60); 4 von Frank Hecker (S. 4/5, 18 ur, 34/35, 62/63); 16 von Axel Kwet (S. 16, 17 alle 3, 66 beide, 67 o, 68 u, 71 beide, 74 u, 75 u, 76 beide, 77, 88u); 1 von Kwet/Böhme (S. 91); 1 von Kwet/Nöllert (S. 83); 1 von Kwet/Riegler (S. 85 u); 1 von Kwet/Ziegler (S. 67 u); 1 von Grunewald (S. 7); 2 von Spieß (S. 6, 8)

Impressum

Umschlaggestaltung von Populärgrafik, Stuttgart unter Verwendung von 6 Fotos: 3 Fotos von W. Lantermann (Vorderseite oben: Erdkröte, *Bufo bufo*; Rückseite links: Ringelnatter, *Natrix natrix*; Rückseite Mitte: Zauneidechse, *Lacerta agilis*), 1 Foto von A. Kwet (Rückseite rechts: Wechselkröte, *Bufo viridis*), 1 Foto von F. Hecker (Vorderseite unten links), 1 Foto von iStock (Vorderseite unten rechts: Feuersalamander, *Salamandra salamandra*)

Unser gesamtes lieferbares Programm und viele
weitere Informationen zu unseren Büchern,
Spielen und Experimentierkästen, DVDs, Autoren und
Aktivitäten finden Sie unter **www.kosmos.de**

Gedruckt auf chlorfrei gebleichtem Papier

ISBN 978-3-440-12196-2
Lektorat: Julia Grimm, Alke Rockmann
Gestaltung und Satz: Populärgrafik, Stuttgart
Produktion: Markus Schärtlein, Constanze Schäfer
Printed in Italy / Imprimé en Italie

FSC Mix
Produktgruppe aus vorbildlich bewirtschafteten Wäldern und anderen kontrollierten Herkünften
www.fsc.org Zert.-Nr. CQ-COC-000012
© 1996 Forest Stewardship Council